AF346555

TRAITÉ D'ANATOMIE

ET

DE PHYSIOLOGIE VÉGÉTALES.

TOME SECOND.

ON SOUSCRIT

A PARIS,

CHEZ {
DUFART, Imprimeur-Libraire et éditeur, rue des Noyers, N° 22 ;

BERTRAND, Libraire, quai des Augustins, N° 35.

A ROUEN,

Chez VALLÉE, frères, Libraires, rue Beffroi, N° 22.

A STRASBOURG,

Chez LEVRAULT, frères, Imprimeurs-Libraires.

A LIMOGES,

Chez BARGEAS, Libraire.

A MONTPELLIER,

Chez VIDAL, Libraire.

Et chez les principaux Libraires de l'Europe.

TRAITÉ D'ANATOMIE

ET

DE PHYSIOLOGIE VÉGÉTALES,

Suivi de la Nomenclature méthodique ou raisonnée des parties extérieures des Plantes, et un Exposé succinct des Systèmes de Botanique les plus généralement adoptés.

OUVRAGE SERVANT D'INTRODUCTION

A L'ÉTUDE DE LA BOTANIQUE.

PAR C. F. BRISSEAU-MIRBEL,

Aide-naturaliste au Museum national d'Histoire naturelle, Professeur de Botanique à l'Athenée de Paris, et membre de la Société des Sciences, Lettres et Arts.

TOME SECOND.

A PARIS,

DE L'IMPRIMERIE DE F. DUFART.

AN X.

LIVRE QUATRIÈME.

*Des organes nécessaires à la reproduction
de l'espèce.*

VUES GÉNÉRALES.

INTRODUCTION.

L A vie de l'être organisé est un point dans
l'immensité du tems : une force inconnue a
réuni les molécules qui le composent, et les
a soustraites aux lois qui régissent la matière
brute ; mais bientôt cette force s'épuise ;
l'inaction et le repos succèdent au mouvement, et le système organique s'anéantit. En
considérant cette perpétuelle et inévitable
destruction des êtres organisés, on seroit
tenté de croire que la vie n'est qu'une exception aux lois qui gouvernent l'univers, si
l'expérience de tous les momens ne prou-
voit que la puissance, qui veille à la conservation des espèces, n'est ni moins prompte,
ni moins active que la mort qui frappe les
individus.

Puisque la matière brute tend par sa nature vers le repos et l'inaction, ce n'est pas

dans le système des lois qui la régissent qu'il faut chercher la source de la vie. La force d'affinités, poussant des molécules inorganisées l'une vers l'autre, peut donner naissance à de nouvelles combinaisons inertes, comme les élémens qui les composent ; mais jamais cette force n'organisera et ne donnera la vie à la matière. C'est uniquement dans l'être organisé que réside cette faculté : elle se manifeste dans l'individu même, puisque son volume croît par la nutrition ; mais elle se manifeste encore d'une manière bien plus frappante par la reproduction d'un être semblable au premier. La nutrition et la reproduction sont deux effets analogues résultant d'une même cause. Que les molécules, obéissant aux lois organiques, accroissent insensiblement les organes, ou qu'elles forment un nouvel individu séparé et distinct de l'être qui leur donna la vie, ce n'est, dans l'une et l'autre circonstance, que la même force et la même activité communiquées à la matière. Dans les êtres dont l'organisation est extrèmement simple, ces deux effets les confondent quelquefois en un seul ; les parties croissent et s'étendent, et venant à se diviser, forment de nouveaux individus ; telles sont certaines espèces de la classe des animaux sans vertèbres ; tels sont aussi un grand nombre de végétaux. Chaque fragment du polype à bras forme un nouveau polype : chaque branche de saule donne naissance à un autre saule. Ainsi l'on voit tous les jours les racines d'un grand nombre de plantes s'étendre et tracer au loin ; elles poussent souvent de nouvelles tiges à de grandes distances de la souche principale, et ces rejetons séparés se nourrissent, croissent et se multiplient par eux-mêmes. On voit aussi les branches et les rameaux de plusieurs arbres se courber en voûte, jeter des racines dans la terre, qu'ils touchent de leurs extrémités supérieures, et se transformer en tiges. Mais on ne peut considérer cela comme une véritable reproduction : ce n'est encore que l'extension et le développement d'un même individu.

Passons à un autre mode de propagation, qui est également commun à plusieurs animaux et à beaucoup de plantes.

Quelques polypes se multiplient par des espèces de bourgeons. Ce sont des excroissances qui se détachent du corps de l'animal, et présentent, en se développant, un être semblable à lui. Il en est de même des champignons, des fucus, des lichens, ou des plantes d'une organisation plus composée, que l'on a appelées *vivipares*. Ces dernières espèces offrent souvent sous leurs enveloppes florales, au lieu d'organes sexuels, de petits bulbes que l'humidité de la terre fait germer aussi facilement que les graines.

Les mousses, les lycopodes, les fougères, dont l'organisation est beaucoup plus compliquée que celle des champignons, des fucus et des lichens, ont des moyens de reproduction moins simples; ils se multiplient, comme les huîtres et comme un grand nombre de testacées, par des organes particuliers, sans avoir néanmoins de parties sexuelles apparentes. Ces plantes portent des espèces de graines qui, au premier coup d'œil, paroissent analogues aux bulbes dont je viens de parler, mais qui en diffèrent, parce qu'elles sont contenues dans de véritables ovaires, et produisent un cotyledon en germant. Dans cet ordre de choses, on ne peut douter qu'il n'y ait reproduction d'un nouvel être; mais cela devient plus sensible encore dans les espèces où les germes ne peuvent être fécondés que par le concours d'organes mâles et femelles, distincts et apparens.

Le premier travail de la Nature a pour but la conservation des individus; d'abord tous les sucs nutritifs accroissent et développent les organes ; aussi la plante et l'animal très-jeunes sont inhabiles à la fécondation. Dans l'animal les organes destinés à cet usage ne sont pas encore arrivés à leur perfection ; dans la plante ils n'existent pas encore. Voila sans contredit un des caractères les plus frappans pour séparer les individus de ces deux classes, pourvus des organes sexuels. L'animal a les organes, mais il ne jouit pas, dans ses premiers momens, de la puissance génératrice. La plante, à cette même époque de sa vie, n'a point les organes et, par conséquent, point les facultés qui y sont attachées. Ajoutons encore que, dans l'animal, les facultés génératrices s'éteignent par l'âge, sans que les formes des organes s'altèrent sensiblement ; et que, dans le végétal, ces mêmes facultés s'épuisent par un seul acte après lequel les parties de la génération se détruisent.

Dans les plantes, comme dans certains animaux, les sexes sont quelquefois réunis sur un seul individu, en sorte qu'un même être peut se féconder et engendrer. Et d'autres fois ils sont disposés sur deux individus, et l'espèce ne se multiplie que par le commerce de l'individu mâle avec l'in-

dividu femelle. Mais la séparation des sexes
a presque toujours lieu chez les êtres doués
de sensibilité et de mouvement volontaire;
et cette séparation même n'est qu'un artifice
de la Nature pour établir entre les animaux
une société plus intime , et pour assurer
plus efficacement la conservation de leur
progéniture. Le besoin et l'attrait du plaisir
rapprochent le mâle et la femelle, souvent
l'habitude consolide leur union , et leur
famille protégée par eux est exposée à moins
de dangers. Dans les plantes, au contraire ,
le même individu est presque toujours hermaphrodite , et la division des sexes est une
sorte d'exception à la loi générale. Les plantes
sont insensibles , elles ne peuvent avoir de
mouvement volontaire ; fixées au sol, elles
n'ont point la faculté de se transporter d'un
lieu dans un autre ; la réunion des sexes
étoit donc chez elle ce qu'il y avoit de plus
convenable pour assurer la conservation des
espèces.

La Nature indique , par des symptômes
frappans, le tems de la reproduction dans les
êtres organisés. L'homme, parvenu à l'âge
nubile , joint à la vivacité, à la grace, à la
fraicheur de la jeunesse la vigueur de la
virilité; sa contenance, son regard, sa voix,

ses gestes empruntent quelque chose du feu divin qui l'anime ; et comme dans cet être supérieur les puissances physiques et morales sont étroitement unies, c'est alors sur-tout qu'il est capable de grands sentimens et de généreuses résolutions. Les animaux et les plantes, quoique d'une nature bien inférieure, éprouvent cependant un changement notable au tems de la fécondation. Les grands quadrupèdes prennent une contenance plus fière, et manifestent leurs desirs fougueux par leur fureur et leurs cris ; les oiseaux revêtent leurs brillans plumages et célèbrent par leurs chants la saison des amours ; la chair des poissons devient plus savoureuse et plus agréable, ce qui prouve que ces animaux ressentent, jusqu'au fond des eaux, la chaleur vivifiante répandue dans toute la Nature ; les vers et les chenilles, transformés en mouches légères et en papillons brillans, cessent de ramper et s'élancent dans les airs ; les plantes enfin se couvrent de fleurs et répandent dans l'atmosphère leurs parfums délicieux. Les feuilles de la sensitive se replient alors avec plus de promptitude : le balancement des folioles du sainfoin oscillant est plus rapide, les étamines et les pistils ont des mouvemens d'irritabilité ; l'arum maculé acquiert un dégré de chaleur extraordinaire, etc. etc. En un mot, une foule de signes extérieurs annonce le moment de la fécondation.

La fécondation épuise les plantes comme les animaux ; celles qui produisent le plus de fleurs vivent le moins long-tems, et c'est pour cela que les arbres greffés n'ont point une existence aussi longue que les arbres sauvages. On est parvenu à prolonger la vie de quelques plantes herbacées, en les empêchant de fleurir ; et je citerai encore une fois pour exemple ces bananiers végétant dans les climats septentrionaux de l'Europe, aussi long-tems qu'ils ne donnent pas de fleurs, quoique ces plantes ne vivent communément que cinq ou six mois sur les bords du Gange et dans tous les climats chauds ; mais alors ce court espace de tems suffit pour qu'elles se développent, fleurissent et fructifient. On retarde aussi la mort des papillons des vers à soie, en séparant les mâles des femelles.

CHAPITRE PREMIER.

Analyse des différentes parties de la fleur. Exemples tirés de l'œillet. Applications générales.

ARTICLE PREMIER.

Organisation de la fleur de l'œillet.

LA fleur la plus complette présente, sur un même réceptacle, la réunion des organes mâles et femelles, environnés de deux enveloppes dont l'une est extérieure, et l'autre intérieure : telle est, par exemple, la fleur de l'œillet. Considérée dans toute sa beauté et telle qu'elle se présente aux regards avant que nous en ayons séparé les parties, elle offre un tube cylindrique, verd comme l'écorce de la tige, terminé à sa partie supérieure par cinq dents aiguës, et entouré à sa base de quelques petites écailles vertes disposées les unes sur les autres. Ce tube renferme différens organes, dont nous ne voyons que les extrémités supérieures : cinq lames minces, délicates, colorées, odo-

rantes, s'épanouissent au sommet du tube,
où elles forment une sorte de rosette symétrique. Ces lames brillantes font le principal
ornement de la fleur ; leur prolongement
inférieur ne remplit pas exactement toute
la capacité du tube verd : deux filets cylindriques, blanchâtres, divergens et recourbés, s'échappent du centre et l'on aperçoit encore, entre ces filets et l'anneau que
forment les lames colorées en sortant du
tube verd, de petits corps jaunâtres, distincts les uns des autres.

Passons maintenant à l'examen de chaque
partie. Ecartons d'abord les écailles vertes
dont la base du tube est environnée, et nous
verrons que le tube, de même que ces petites
écailles, semble n'être qu'un prolongement
de l'écorce du support de la fleur. Si nous
fendons cette enveloppe dans sa longueur
assez adroitement pour ne pas altérer les
parties qu'elle renferme, nous reconnoissons
que les lames colorées sont l'épanouissement
de cinq filets blanchâtres cachés dans le tube,
et fixés circulairement au sommet d'une
espèce de support épais et court, né du
centre de la fleur. Outre ces cinq filets, il
en est dix autres dont cinq partent du même
support que les premiers, mais sont disposés

alternativement avec eux , et cinq partent
de leur base interne. Les dix filets ne s'élar-
gissent pas insensiblement en lame ; mais
chacun d'eux porte à son sommet une petite
bourse oblongue et jaune ; ce sont les corps
que l'on aperçoit à l'orifice du tube. Au
milieu de ces quinze filets, on remarque un
corps alongé , cylindrique, surmonté de deux
filets qui sortent de la fleur, et , comme je
l'ai dit précédemment , sont divergens et
recourbés ; voici donc toutes les parties qui
constituent cette fleur parfaite.

A R T I C L E I I.

*Suite du même sujet. Organisation du calice
et de la corolle formant le périanthe double.*

Les écailles vertes, situées à la base du tube
extérieur, ne sont que des accessoires peu
importans dont il est inutile de s'occuper
maintenant, et qui n'entrent pour rien dans
l'idée de perfection que nous devons prendre
des organes de la floraison. Il n'en est pas
de même du tube : c'est le calice ou l'enveloppe la plus extérieure des parties sexuelles.
Selon Césalpin , Malpighi et Linnæus, cet
organe est formé par le prolongement de
l'écorce ; il est ordinairement verd comme

elle ; il entoure toujours la corolle dont il n'a pas la consistance molle et délicate. Dans l'œillet, il est formé d'une seule pièce ; mais dans une multitude de fleurs, il se divise en plusieurs petites feuilles distinctes : on en a des exemples dans la renoncule, le pavot, la giroflée. Tantôt il tombe avant même que la fleur s'épanouisse ; tantôt il se détache en même tems que les pétales ; tantôt il accompagne le fruit dans sa maturité.

L'organisation interne du calice diffère des feuilles sur-tout parce qu'on n'y trouve point de trachées ; il est en grande partie formé d'un tissu cellulaire rempli ordinairement de substance verte, semblable à celle des feuilles ; on y découvre quelques faisceaux de petits tubes ; l'épiderme extérieur est criblé de pores alongés ; au reste, tous ces faits présentent des exceptions.

Les lames colorées, placées immédiatement sous le calice de l'œillet, sont les pétales dont l'ensemble forme la corolle.

La corolle n'est jamais verte et ne donne pas de gaz oxigène sous l'eau ; elle est toujours d'un tissu mou, aqueux ; elle se flétrit après la fécondation et se détache alors dans la plupart des fleurs. Nulle partie du végétal ne se montre sous un aspect plus gracieux ;

la

la Nature y étale souvent toute la richesse et la fraîcheur du coloris le plus pur; elle y marie avec un art admirable les nuances les plus opposées : l'or, l'azur, la nacre et toutes les couleurs de l'iris ont été répandus avec profusion sur cet organe d'ailleurs si délicat, que, souvent développé au lever de l'aurore, il se flétrit avant le déclin du jour. Le noir ne se voit jamais sur la corolle; ses couleurs sont rarement inaltérables. Les pétales bleus et jaunes deviennent rouges ou blancs : les blancs se panachent de diverses couleurs; et l'art, se joignant à la Nature, profite de ses jeux pour multiplier nos jouissances.

Il y a cependant quelques fleurs qui affectent des couleurs plus durables : la corolle de certaines espèces de véroniques et de campanules est toujours bleue; celle des épervières (*hieracium*) toujours jaune; celle des stellaires toujours blanche, etc. En général la corolle ne se colore qu'à la lumière; mais l'on assure qu'il y a des espèces où cette coloration s'opère même à l'obscurité. J'ignore jusqu'à quel point sont rigoureuses les expériences qui prouvent ce phénomène.

Les formes de la corolle ne sont ni moins variées, ni moins riches que ses couleurs.

Composée de plusieurs pièces dans l'œillet, la giroflée, etc., elle n'en présente qu'une dans le liseron, la sauge, le lilas, le jasmin, etc.; tantôt elle est d'une régularité et d'une symétrie admirables; c'est une rosette, un disque rayonnant, une étoile, une coupe antique, une roue traversée par son essieu, un vase, une cloche, un entonnoir, un tube; tantôt elle se présente sous des formes singulières et inattendues; elle prend l'aspect d'un papillon, d'un cornet bizarrement contourné, d'une gueule, d'un masque, d'une trompe d'éléphant, d'un casque, d'un trophée, etc. C'est encore de cette belle partie de la plante que s'exhalent en plus grande quantité des odeurs quelquefois repoussantes et même nuisibles, mais plus souvent douces et suaves.

Les mêmes auteurs, qui jugent que le calice n'est qu'un prolongement de l'écorce, regardent la corolle comme un prolongement du liber; mais, dans beaucoup de cas, il n'y a pas de communication entre le liber et la corolle; ainsi l'on ne peut dire que celle-ci doive son origine au premier. Ce qu'il y a de certain, c'est que le tissu tubulaire du support de la fleur communique avec les faisceaux de tubes répandus dans la corolle : mais, quoique l'on retrouve dans cet organe les mêmes parties élémentaires que dans le liber, l'aubier ou le bois, et que la disposition des parties soit à peu près la même, il y a dans la consistance une différence très-marquée, comme on peut s'en convaincre en comparant un pétale à une lame très-mince de bois d'aubier ou de liber. Le liber s'éloigne moins de la consistance pétaloïde que les deux autres; néanmoins on y retrouve encore une rigidité qui n'existe pas dans la corolle. Cet organe délicat, ayant été long-tems privé de la lumière, ressemble par sa consistance à toutes les substances végétales étiolées.

La base, ou pour me servir de l'expression technique, l'onglet du pétale, présente à l'anatomiste un faisceau de petits tubes et de trachées, environné de tissu cellulaire. Ce faisceau, très-prolongé dans l'œillet, très-court dans la rose, la renoncule, etc., s'épanouit en une multitude de petits faisceaux réunis par de fréquentes anastomoses. Ce plexus, dont les mailles sont fermées par le tissu cellulaire, dessine le contour et les dimensions de la lame du pétale, comme les nervures dans la feuille : mais les mailles du pétale sont plus régulières ; au voisinage de l'onglet, elles sont très-alongées ; vers le limbe, c'est-à-dire, vers le contour supérieur, elles sont plus courtes et beaucoup plus larges. A travers l'épiderme on aperçoit quelquefois, même à l'œil nu, l'entrelacement des tubes quand les pétales sont colorés. Ces tubes forment dans la rose des traits d'un rouge plus vif que le tissu cellulaire qui remplit les mailles. Cette intensité de couleur est produite par des sucs plus élaborés. Dans le liseron les sucs sont blancs, et, lorsqu'on déchire la corolle, ils paroissent à l'orifice des tubes comme de petites gouttes de lait. L'épiderme de la corolle n'a point de pores alongés, mais quelquefois les parois des cellules dont il est composé se développent sous la forme de petits poils ou de petits mamelons, plus ou moins longs, tantôt fermés, tantôt ouverts à leur extrémité, et qui donnent, dans plusieurs plantes, passage à des sucs visqueux : c'est la dilatation de l'épiderme en une multitude de mamelons extrêmement fins et serrés les uns contre les autres, qui forme le velours des pétales de la pensée.

Les sucs que distille la corolle sont les liqueurs que Linnæus appelle le *nectar des fleurs*. Ils sont souvent odorans et sucrés ;

ils s'amassent dans le fond de tubes, de fossettes ou de cornets particuliers, auxquels
Linnæus donne le nom de *nectaires*. L'abeille
et le papillon, arrêtés sur la fleur et cachés
à moitié dans son sein, pompent, avec
leurs trompes déliées, ces liqueurs dont ils
font leur nourriture. Linnæus désigne aussi
comme nectaires, des parties qui n'ont aucun rapport avec les cavités dont je viens
de parler, et que la plupart des botanistes
nomment aujourd'hui des appendices, des
glandes, des écailles, des éperons, etc.

Tel est, je crois, ce qu'on peut dire de
plus général sur le calice et la corolle des
fleurs parfaites. Pour continuer mon analyse
de la fleur, je devrois maintenant décrire
les parties de la fécondation placées au centre
des enveloppes florales; mais, avant de passer
outre, je vais tâcher d'éclaircir une des questions les plus délicates de la physiologie et de
la botanique.

A r t i c l e I I I.

*Caractères distinctifs des différentes espèces
de périanthes, enveloppes immédiates des
organes de la génération. Digression.*

Lorsqu'une plante a deux enveloppes

florales, ce qui n'a communément lieu que dans les dicotyledones (1), l'extérieur est visiblement continu avec l'écorce, et prend, comme nous l'avons vu, le nom de calice; l'intérieur est continu avec le tissu tubulaire, et prend le nom de corolle. Mais, quand il n'y a qu'une enveloppe florale, comment doit-on la qualifier? Linnæus ne donne, à cet égard, aucune règle certaine; et lorsqu'il définit ses genres, il tombe dans tous les inconvéniens d'une nomenclature arbitraire. Cette enveloppe unique est, pour lui, tantôt un calice, tantôt une corolle, selon qu'elle est plus ou moins verte, plus ou moins colorée; que sa consistance est plus ferme ou plus molle; en un mot, qu'elle ressemble davantage au tissu du calice ou de la corolle des fleurs complettes. On concevra combien cette règle est peu sûre, en considérant qu'elle n'admet que deux nuances distinctes dans l'enveloppe florale, et que cependant

---

(1) Il est peu de monocotyledones qui soient pourvues à la fois d'un calice et d'une corolle. Elles n'ont ordinairement qu'une enveloppe florale. Quelques-unes cependant, telles que les *canna*, les *amomum*, les *kœmpferia*, ont évidemment deux enveloppes, dont l'une doit être, à ce qu'il me semble, considérée comme un calice, et l'autre comme une corolle.

il en est une multitude, puisque la Nature rapproche, par des dégrés insensibles, le calice de la corolle, et que, dans nombre de cas, nous pouvons décider indifféremment que l'enveloppe unique est l'un ou l'autre de ces organes. Le savant Jussieu a voulu éviter ces inconvéniens, et, pour y parvenir, il définit le calice, *l'enveloppe extérieure des parties de la génération*, *formée par le prolongement de l'écorce* (1); et la corolle, *l'enveloppe intérieure*, *formée par le prolongement du liber* (2); et il ajoute que *le calice peut exister sans la corolle*; *mais*

----

(1) Le calice, dit Jussieu dans la belle préface qu'il a mise au commencement de son *Genera plantarum*, le calice est cette enveloppe de la fleur qui est continue avec l'épiderme de la plante, et qui paroît en être un prolongement. Ainsi, toute enveloppe qui tient à l'épiderme et qui, par conséquent, a la même origine que l'enveloppe extérieure ou le calice, appartient au calice et n'est point la corolle, quelles que soit sa forme, sa couleur et son étendue.

(2) Jussieu définit la corolle, dans cette même préface que je viens de citer: une enveloppe de la fleur qui, rarement nue et presque toujours recouverte par le calice, est une continuité de la seconde écorce de la plante et non de son épiderme, ne dure point au delà d'un certain tems, mais tombe ordinairement avec les étamines; entoure ou couronne le

Б 4

que celle - ci suppose l'existence du calice.
Il en excepte cependant l'anémone, la clématite, le pigamon, l'hydrastis et le populage, qui ont des corolles sans calice, comme on peut s'en convaincre en considérant le point d'attache de l'enveloppe florale, laquelle tire son origine de la partie inférieure du pédoncule, et non de l'écorce, qui s'arrête brusquement au dessous de la fleur. Ainsi, dans l'opinion du célèbre auteur de la Méthode naturelle, une plante ne peut avoir de corolle qu'autant qu'elle a une première enveloppe extérieure ; et *toute enveloppe unique est nécessairement un calice,* si ce n'est dans les cinq genres cités. Ici, j'avoue qu'il n'y a plus de confusion dans les mots, mais elle n'existe pas moins dans les choses. Les monocotyledones n'ont qu'une enveloppe florale ; par conséquent, d'après Jussieu, cette enveloppe est un calice : mais, dans beaucoup de plantes monocotyledones, il n'y a pas d'écorce, la substance ligneuse forme des filets d'autant

---

fruit, mais ne fait jamais corps avec lui; tire son origine du même point que les étamines, et présente le plus souvent ses divisions disposées alternativement avec ces mêmes étamines lorsqu'elles sont en nombre égal.

plus nombreux qu'ils sont plus voisins de la circonférence ; ainsi, rigoureusement parlant, on ne peut alors donner le nom de calice au prolongement de la partie externe du pédoncule , puisque, en prenant toujours pour règle la définition de Jussieu, le calice est le prolongement de l'écorce, et non de la partie ligneuse. Cependant Jussieu, n'ayant égard qu'à la moitié de la définition, donne le nom de calice à l'enveloppe florale des monocotyledones, et il réunit ainsi, sous cette dénomination, des enveloppes très-différentes par leur consistance, leur organisation et leur aspect. L'enveloppe florale du jonc et celle du lis sont à ses yeux un même organe, malgré l'extrême différence que l'œil le moins exercé y aperçoit d'abord. Dans le jonc, on remarque six folioles sèches, fermes, verdâtres, qui ressemblent au calice des fleurs complettes. Dans le lis, il y a également six divisions à l'enveloppe florale, mais elles sont souples, aqueuses, d'un blanc de neige, en un mot, semblables à la corolle d'un grand nombre de dicotyledones. Ces deux enveloppes florales ne diffèrent donc pas moins entre elles par leur aspect que le calice et la corolle dans une même fleur complette, et l'on conçoit bien que de telles

différences ne sont que le résultat de celles
de l'organisation. Ainsi, dans les monocotyledones, l'enveloppe florale de substance
herbacée, a d'ordinaire son épiderme criblé de pores alongés; elle ne contient pas
de trachées; elle décompose l'eau et l'acide
carbonique, et rejette le gaz oxigène. L'enveloppe florale pétaloïde, au contraire, a
tous les caractères de la corolle; on n'y
voit point de pores alongés, son squelette est
formé d'un plexus de tubes de différentes
espèces; on y remarque des trachées (1), et
les mailles du plexus sont remplies par le
tissu cellulaire; enfin, il seroit impossible
de dire en quoi cette enveloppe diffère de
la corolle.

Si la division étoit aussi nettement tran-

____

(1) Desfontaines a observé des trachées dans les
périanthes de l'iris, et j'en ai aperçu également dans
celui de l'hyacinthe. Je savois qu'il étoit possible de
prendre des sucs visqueux pour ces filets roulés en
spirales, et je suis sûr de n'avoir pas commis cette
erreur. Ces trachées, dans le périanthe simple des
monocotyledones, ne doivent point surprendre, puisque ce périanthe est la continuité de la partie extérieure de la tige où l'on trouve ordinairement un
grand nombre de filets ligneux au centre desquels sont
logées des trachées.

chée dans toutes les plantes, nul doute que Linnæus auroit eu raison de s'attacher à l'aspect et à la consistance de l'enveloppe florale pour déterminer sa nature; mais il y a des nuances intermédiaires. Linnæus dit souvent dans ses descriptions; *cette enveloppe est une corolle, ou, si vous le préférez, un calice.* Ce naturaliste, qui avoit un coup d'œil exquis, jugeoit donc qu'il n'étoit pas toujours facile de distinguer ces deux enveloppes. Cependant le savant Jussieu n'admet point ces doutes, mais sa définition du calice et de la corolle, dont je ne conteste pas les avantages pour l'étude de la botanique, et qui certainement ne pouvoit être conçue et sur-tout appliquée que par un homme aussi profond dans la connoissance des familles naturelles, ne convient point, ce me semble, dans un ouvrage où l'on traite d'anatomie et de physiologie végétales, et il ne reste plus qu'à décider si les lois de l'organisation ne doivent pas être la première règle du botaniste philosophe. A cet égard, j'en appelle aux principes mêmes du savant respectable dont je combats ici l'opinion, mais au jugement duquel je soumets la mienne.

L'enveloppe unique des monocotyledones

ou des dicotyledones à fleurs incomplettes, est formée quelquefois d'une substance herbacée et d'une substance pétaloïde; la surface extérieure ressemble absolument au calice des fleurs complettes, la surface intérieure à leur corolle, en sorte qu'on y reconnoît la présence de l'un et l'autre organes confondus en un seul, et il n'est plus possible de lui donner une dénomination exclusive. Cette union des deux organes devient plus évidente quand on considère que, dans beaucoup de fleurs complettes, les pétales qui composent la corolle prennent naissance au sommet du calice, de manière que les deux enveloppes, quoique distinctes, ont cependant une liaison intime, et qu'au dessous du point où les pétales se développent on peut considérer le calice comme un organe mixte.

On voit donc que les définitions des enveloppes florales sont essentiellement fautives; que quelquefois on sépare ce qu'on devroit rapprocher, et que d'autres fois on réunit ce qu'on devroit séparer. Cela résulte, je crois, de ce qu'au lieu de remonter du simple au composé on a fait l'inverse; on a défini d'abord la double enveloppe des fleurs

complettes, puis on a voulu définir l'enveloppe unique des fleurs incomplettes, et la
comparer exclusivement à l'une ou à l'autre
des deux parties de la première. Que si, au
lieu de prendre cette route, on se fût attaché à suivre la Nature, on auroit vu qu'elle
s'avance graduellement, et ne s'arrête que
lorsqu'elle a, en quelque sorte, épuisé toutes
les combinaisons possibles. Ainsi, dans plusieurs espèces, les parties de la génération
sont nues; dans un plus grand nombre elles
sont accompagnées d'une simple foliole;
dans beaucoup elles sont environnées d'une
enveloppe, tantôt herbacée comme le calice,
tantôt de substance molle comme la corolle,
et tantôt réunissant en un seul corps le tissu
herbacé et le tissu pétaloïde, en sorte que la
surface extérieure est verte, et l'intérieure
colorée, moëlleuse et humide; enfin, dans la
plupart des espèces, ces mêmes organes générateurs sont entourés d'une double enveloppe, quelquefois simple à sa base, quelquefois divisée dès sa naissance, mais dans
laquelle on reconnoît toujours les deux substances distinctes et séparées.

Avant donc de s'attacher à définir chaque
nuance, il faut désigner l'enveloppe quelconque de la fleur par un nom générique.

C'est ce que j'ai fait en lui donnant le nom
de périanthe (1) dont le sens exprime très-
bien les fonctions de l'organe dont il s'agit.
Linnæus avoit créé ce mot pour désigner
l'enveloppe que les botanistes appellent calice, et il employoit le mot de calice comme
nom générique, qu'il appliquoit à toute pro-
duction, prolongement de l'écorce, servant
médiatement ou immédiatement d'enveloppes aux parties de la génération : mais lui-
même ne s'est pas astreint rigoureusement
à cette loi, et les botanistes qui sont venus
après lui, n'en ayant pas senti la nécessité,
elle est tombée en désuétude. Le nom de
périanthe n'est plus employé ; on lui a
substitué généralement celui de calice. Je
puis donc, sans inconvénient, me servir du
premier, qui choquera d'autant moins les
botanistes qu'il n'est pas nouveau pour eux.
Ensuite, il est facile d'exprimer toutes les
modifications du périanthe ; il est simple,
ou double ; double, il est composé du calice
et de la corolle, tel que je les ai décrits
précédemment ; simple, il est tantôt calicinal, tantôt pétaloïde, tantôt l'un et l'autre

---

(1) Des deux mots grecs περι (peri) *autour* , et ανθος
(anthos) *fleur*.

à la fois. Je pourrois m'étendre encore sur ce sujet, mais on appréciera mieux cette réforme quand je donnerai la description des plantes.

Article IV.

Faisant suite à l'article second.

Des étamines. Observation relative à la métamorphose des étamines en pétales.

Revenons à notre analyse de la fleur complette. Les dix filets, dont cinq naissent entre les pétales de l'œillet, et cinq à la base de chacune de ces mêmes pétales, et dont le sommet est terminé par un petit corps jaune, sont les étamines, ou les parties mâles du végétal. Il est des fleurs qui ne contiennent que l'organe femelle et qui par conséquent n'ont pas d'étamines ; d'autres au contraire portent des étamines et n'ont point de pistil ; mais le plus grand nombre réunit l'un et l'autre organes. Quelques fleurs n'ont qu'une étamine ; d'autres, deux, trois, quatre, etc., jusqu'à cent et même mille. On a observé que, lorsque leur nombre passoit douze dans une fleur, il n'avoit plus rien de fixe, mais qu'il étoit assez constant dans la même espèce au dessous de douze.

Les étamines ne sont pas moins variables par leur aspect que les autres parties du végétal. Les corps jaunes sont les anthères. On les trouve dans toutes les fleurs mâles et dans les fleurs complettes, mais les filets manquent quelquefois.

Les filets sont cylindriques dans l'œillet et se terminent en une pointe aiguë : c'est leur forme la plus ordinaire. Il en est cependant de dilatés et de minces comme les pétales, d'élargis en forme d'écailles, de triangulaires comme des carrelets ; il en est de semblable à des cònes, à des tridents, à des poinçons ; la plupart sont délicats et flexibles comme les pétales ; quelques-uns sont durs et secs comme du bois. Quelquefois ils sont réunis en un ou en plusieurs faisceaux ; ordinairement ils sont séparés et distincts les uns des autres ; souvent ils sont droits dans la fleur ; plus rarement ils sont recourbés ou roulés en spirale, ou penchés négligemment et rejetés en dehors. Presque toujours ils sont blancs ; mais ils sont jaunes dans le safran, ponctués de rouge dans le pêcher, etc.

Il y a beaucoup de rapports entre les étamines et la corolle ; la multiplication des pétales se fait par la dilatation des filets. La

culture

culture détermine souvent ce phénomène ;
un suc abondant et substantiel, porté en
trop grande affluence dans les organes de la
génération, embellit l'individu, mais anéantit
en lui la faculté créatrice. Telle est la rose
double : dans l'état sauvage elle n'a que cinq
pétales ; ses étamines très-nombreuses forment une couronne autour de l'ovaire ; ses
graines fécondées mûrissent et reproduisent l'espèce. Dans l'état de domesticité ,
ses pétales sont très-multipliés, mais le
nombre de ses étamines diminue à proportion, et quelquefois même ces organes
fécondateurs disparoissent absolument ; alors
les graines sont stériles. Il arrive souvent
que le filet de l'étamine, métamorphosé
en pétale , porte encore l'anthère à son
sommet.

Un fait qui prouve que le périanthe pétaloïde des monocotyledones n'est point d'une
autre nature que la corolle des plantes
dicotyledones, c'est que les étamines éprouvent, dans les premières, le même changement que dans celles-ci. Les filets du
narcisse, de la tulipe, de l'hyacinthe, etc.,
plantes à une seule feuille séminale, se
dilatent et prennent la couleur, l'éclat et
la consistance pétaloïde de leur périanthe.

Par ce rapprochement facile à saisir, nous pouvons juger la marche de la Nature plus sûrement que par des raisonnemens abstraits ou par une anatomie toujours pénible et quelquefois incertaine.

La facilité avec laquelle les filets des étamines se changent en pétales, indique des rapports dans l'organisation intérieure et une origine semblable : on voit en effet les étamines communiquer avec le tissu tubulaire de même que la corolle, et si l'on dépouille les filets de leur épiderme délicat, on reconnoît ordinairement dans ces supports l'existence des petits tubes et des trachées. Il n'y a de différence que dans la disposition des élémens organiques ; ici, ils forment des faisceaux ; là, ils sont épanouis en lames. Quelquefois les filets sont creux ; ceux de la tulipe en offrent un exemple.

L'anthère est souvent continue avec le filet ; quelquefois elle est fixée longitudinalement à sa partie antérieure ; quelquefois aussi elle n'est attachée que par son milieu, et si foiblement qu'elle est sans cesse vacillante. L'anthère est ordinairement ovale, quelquefois ronde, rarement en forme de reins ; sa couleur la plus commune est un jaune doré ou safrané ; elle est dans quel-

ques espèces rouge, bleuâtre ou verdâtre.
Presque toujours elle est formée de deux
petits lobes ovales, accolés l'un à l'autre ;
chaque lobe a un sillon longitudinal qui
indique l'endroit par lequel doit s'ouvrir l'anthère ; car, quoiqu'avant sa maturité ce corps
paroisse charnu et solide, il présente à l'anatomiste une cavité interne divisée en deux
loges par une cloison intermédiaire. Quelques
anthères cependant n'ont qu'une loge, d'autres en ont trois, plusieurs s'ouvrent par
un trou qui se forme au sommet, ou par un
opercule tournant de bas en haut comme
sur une charnière, et les lobes de ces anthères n'ont point, par conséquent, de sillon
longitudinal. Elles portent quelquefois des
glandes, des houpes, des aigrettes, des épines,
des callosités, etc. ; mais ces détails, bons à
connoître quand il s'agit de déterminer une
espèce, ne sont rien dans les considérations
générales. Je ne puis donner ici l'anatomie
de l'anthère parce qu'elle n'existe nulle part,
et que je n'ai pas eu le tems encore de m'en
occuper. On conçoit cependant combien cet
organe peut offrir de considérations im-
portantes.

Lorsque cette petite bourse est mûre, elle
s'ouvre avec élasticité, et lance la poussière

fécondante, appelée par les botanistes *aura seminalis* ou *pollen*. Cette poussière est composée de petits grains qui paroissent au microscope ronds ou ovales, lisses ou chagrinés, ou couverts de pointes très-fines ; elle est ordinairement jaune, mais quelquefois blanche, rose, ou violette. Bernard de Jussieu a vu ces grains, mis dans de l'eau, éclater comme de petites bombes, et lancer un fluide qui ne se mêloit pas avec l'eau ; ils s'étendoient comme une goutte d'huile, et l'on y remarquoit des corpuscules verdâtres. Les grains de poussière, après l'explosion, changeoient de forme ; ceux d'érable, par exemple, s'ouvroient en quatre et formoient une croix. Cette expérience répétée depuis a donné les mêmes résultats. On en a tiré quelques conséquences relativement à la manière dont s'opère la fécondation ; mais Kœlreuter a observé que la poussière placée sur le stigmate des ovaires n'éclatoit point, qu'elle se flétrissoit insensiblement et n'offroit enfin que de petits corpuscules ridés et déformés ; d'où il a conclu, non sans beaucoup de probabilités, que l'explosion, qui a été observée par Bernard de Jussieu et par plusieurs autres naturalistes, est un effet résultant des moyens employés dans les expériences, et qui n'a pas lieu dans l'ordre naturel. Il pense que chaque grain, gonflé d'une liqueur extrêmement subtile, la laisse échapper lentement par les pores dont est criblée la membrane extérieure. Cette opinion a été adoptée assez généralement. Nous aurons occasion de revenir sur ce sujet quand nous traiterons de la fécondation.

Selon Kœlreuter, chaque grain de poussière est un tissu cellulaire composé de fibres très-déliées qui se réunissent vers le centre du globule. Gærtner regarde ces fibres comme des vaisseaux d'une finesse extrême, mais il faut avouer que les objets sont si petits qu'il n'est guère possible de déterminer leur organisation d'une manière certaine.

ARTICLE V.

Suite du même sujet. Du pistil.

Au centre de l'œillet nous avons vu un cylindre surmonté de deux filets contournés : c'est le pistil ou l'organe femelle de la plante. Il comprend trois parties distinctes : l'ovaire, les styles et les stigmates. L'ovaire est la base cylindrique ; les styles sont les deux filets ; les stigmates sont leur extrémité supérieure.

Dans un grand nombre de plantes cet organe est moins compliqué. Il ne présente, outre l'ovaire, qu'un style et qu'un stigmate, et même quelquefois le stigmate est immédiatement placé sur l'ovaire, et le style manque absolument. Cette partie n'est pas plus nécessaire que les pétioles et plusieurs autres supports dont l'existence n'est que d'une importance secondaire. On trouve aussi très-souvent plusieurs pistils dans la même fleur.

L'ovaire, semblable à celui des animaux ovipares, contient les ovules ou les jeunes graines qui ne sont point encore développées; elles sont très-nombreuses dans l'œillet, et fixées autour d'une colonne centrale à laquelle on a donné le nom de *placenta*. Souvent le placenta est attaché contre la paroi de l'ovaire, ou bien à sa base, ou même à son sommet. Un seul ovaire en a quelquefois plusieurs. Chaque ovule y adhère par un petit filet, que l'on compare avec raison au cordon ombilical des animaux.

Les ovules sont plus ou moins multipliés selon les espèces : telle n'en produit qu'un dans chaque fleur ; telle autre en produit vingt à trente mille et même davantage ;

tantôt la cavité intérieure de l'ovaire est partagée en plusieurs loges par de petites cloisons ; tantôt elle n'en offre qu'une seule, comme dans l'œillet.

Le style part de la base de l'ovaire, ou de son côté, ou de son sommet ; ce dernier cas est le plus commun. C'est ordinairement un filet cylindrique, lequel se termine par le stigmate, partie très-importante dans l'organe femelle et qui ne manque jamais.

Le stigmate prend presque autant de formes qu'il y a d'espèces ; ce n'est qu'une pointe aiguë dans l'œillet, mais, dans d'autres plantes, c'est une petite massue, un globe, un disque, une pyramide, une lame semblable à un pétale, un cornet, un godet, une aigrette, un panache, etc. Presque toujours le stigmate est couvert de mamelons ou de poils ; souvent il laisse échapper une humeur visqueuse. Le style et le stigmate de quelques fleurs, présentent une espèce d'entonnoir qui communique jusques dans la cavité de l'ovaire. Cette organisation a fait penser à quelques naturalistes que c'est par ce conduit que la liqueur fécondante arrive aux ovules ; mais d'autres observations ont appris que la plupart des styles sont solides, ou ne sont percés qu'en partie.

Le pistil est placé presque toujours au centre de la fleur, et comme ce point répond directement au filet médullaire du pédoncule floral, Linnæus pense, avec Césalpin et Malpighi, que le pistil n'est autre chose que le prolongement de la moëlle. C'est une erreur. Le tissu cellulaire, passif par sa nature, ne peut seul produire aucun organe, et l'anatomie du pistil prouve que sa partie la plus solide est un prolongement du tissu tubulaire. Comme la corolle, les étamines et le pistil diffèrent essentiellement par leur forme et leurs usages, on a voulu qu'ils n'eussent pas la même origine, sans faire attention que dans les végétaux, aussi bien que dans les animaux, la Nature forme souvent, avec des élémens organiques très-simples et peu nombreux, des organes très-différens par leur forme et leurs usages. Cela devient évident lorsque l'on fait l'anatomie des parties ; mais la Nature elle-même en fournit une preuve irrécusable dans ce que nous appelons des monstruosités. De même que les étamines, le pistil se change en pétales, et quelquefois aussi il se transforme en une touffe de feuilles, ce qui montre le rapport qui existe entre toutes ces parties et l'identité des élémens organiques.

On observe dans les ovaires le tissu cellulaire et le tissu tubulaire. Leur distribution varie autant qu'il y a d'espèces. Voici cependant un fait invariable : un ou plusieurs faisceaux de tubes, parties du pédoncule, vont former le placenta ; ils se prolongent ensuite au dehors, et produisent les styles et les stigmates ; les filets qu'ils jettent dans la cavité intérieure servent de cordon ombilical aux ovules. Lorsqu'il y a plusieurs placenta, il est rare qu'il n'y ait pas plusieurs styles formés par les différens faisceaux qui se prolongent en divergent ; et lorsque l'exception a lieu, c'est-à-dire, lorsqu'il n'y a qu'un style, bien qu'on trouve dans l'ovaire plusieurs placenta, on voit, par l'anatomie, que les différens faisceaux se réunissent en un seul avant de sortir de l'ovaire. Ces tubes communiquent par leur base avec les tubes du pédoncule floral, et forment les stigmates à leur extrémité supérieure.

Souvent les stigmates sont garnis de mamelons, de poils ou d'éminences, auxquels les botanistes donnent le nom de glandes. Ces éminences ne sont que l'extrémité des tubes les plus saillans, recouverts par un épiderme d'une transparence et d'une finesse extrêmes. Les fluides nourriciers sont conduits de la plante-mère dans chaque ovule par la partie des tubes qui se prolongent du pédoncule jusqu'à l'ombilic, et le fluide fécondant arrive aux embryons par la partie supérieure de ces mêmes tubes.

ARTICLE VI.

Suite du même sujet. Du disque ; du réceptacle ; de l'union de toutes les parties de la fleur.

Les pétales, les étamines et l'ovaire de l'œillet sont placés sur un petit cylindre charnu ; ce cylindre prend le nom de disque ; c'est un renflement particulier formé par le tissu cellulaire. Dans certaines espèces, il est très-aplati et très-mince ; dans d'autres, il se divise en petits lobes et forme des mamelons ; il est quelquefois coloré ; d'ordinaire il distille le nectar de la fleur ; on pourroit croire qu'il sert à élaborer les sucs portés dans les organes de la génération ; cependant il faut qu'il ne soit pas d'une nécessité absolue, puisque beaucoup de fleurs en sont privées.

L'extrémité supérieure du pédoncule, d'où naissent toutes les parties de la fleur, est appelée *réceptacle*. Le réceptacle est très-petit dans l'œillet ; mais dans un grand nombre de plantes il est fort dilaté.

Nous avons passé en revue les parties qui constituent la fleur complette, et nous avons choisi pour exemple une des fleurs où les organes sont le plus visibles. Le calice, la corolle, les étamines et le pistil y sont parfaitement distincts, et nous pouvons, d'un seul coup d'œil, saisir les rapports qui les unissent. Mais il n'en est pas ainsi de toutes les fleurs ; souvent le calice adhère à l'ovaire en partie ou en totalité, et la corolle, attachée sur le calice ou sur le pistil, se confond avec eux par sa base. Les étamines suivent les mêmes variations.

C H A P I T R E I I.

Développement de la fleur. Action des organes qui la composent.

A R T I C L E P R E M I E R.

Epanouissement de la fleur. Horloge de Flore.

LES plantes annuelles fleurissent peu de tems après leur germination, les fleurs sortent ordinairement de l'aisselle des feuilles, ou de l'extrémité des rameaux et de la tige; elles sont d'abord renfermées dans leur périanthe, et quelquefois sont accompagnées de bractées, mais jamais elles n'ont d'enveloppes analogues aux écailles qui revêtent les boutons des arbres. On conçoit que ces fleurs, naissant dans la belle saison, et devant périr avec elle, un tel abri contre l'intempérie de l'air leur étoit inutile.

Les plantes ligneuses portent rarement des fleurs dans la première année de leur vie ; toutes les forces sont employées alors au développement de l'individu, et ce n'est qu'après plusieurs années que la plupart des

arbres fleurissent. Les fleurs des plantes
ligneuses naissent, ainsi que celles des herbes,
sur différentes parties du végétal ; elles sont
renfermées dans des boutons écailleux, et
passent quelquefois plusieurs hyvers cachées
sous ces enveloppes impénétrables à l'air.
Cependant tous leurs organes sont déjà formés ; à la vérité, les pétales sont encore
fort courts, mais les étamines ont une longueur plus considérable, et le pistil est très-
visible. A mesure que les écailles s'écartent,
les périanthes croissent ; ils forment dans ces
premiers tems un abri aux organes de la
génération, et sans doute aussi ils les nourrissent en pompant les fluides aériens. Avant
l'entier épanouissement de la fleur, les divisions de la corolle sont rassemblées autour
des étamines ou des pistils ; dans un grand
nombre d'espèces, elles sont roulées toutes
ensemble sur elles-mêmes ; dans d'autres,
elles s'inclinent les unes vers les autres, et se
touchent par leur sommet ; dans d'autres,
elles sont plissées et fermées à la manière
des bourses à jetons, etc. etc.

Quand les fleurs sont sorties des boutons,
les divisions des périanthes se dilatent, s'entr'ouvrent, et les organes de la génération
paroissent. Cet épanouissement ne s'opère

pas dans toutes les plantes à la même époque (1) ; il faut, pour chaque espèce, un
dégré de chaleur particulier. En général, les
fleurs européennes s'épanouissent au printems ; mais les plantes étrangères, que l'on
cultive dans nos climats, ne fleurissent que
lorsqu'elles éprouvent une température analogue à celle qui les fait fleurir dans leur
pays natal. Ainsi, les fleurs printanières
des tropiques ne s'épanouissent chez nous
qu'en été, celles de la Virginie et de la
Louisiane qu'en automne, etc. On peut
cependant avancer ou retarder la floraison
des plantes herbacées, en les semant plus
tôt ou plus tard. Il n'en est pas de même
des plantes ligneuses ; elles suivent plus inva-
riablement l'ordre et la marche des saisons ;
et comme il ne nous est guère possible de
ralentir, de suspendre ou de hâter en elles
l'action de la force vitale, nous ne pouvons
pas plus facilement ralentir, suspendre ou
hâter leur floraison.

La plupart des fleurs, arrivées au tems
de leur épanouissement, ne s'ouvrent pas
indifféremment à quelqu'heure du jour que
ce soit : elles présentent des phénomènes

____

(1) Voyez le tableau ci-contre, n° 3.

ι U

DE ѵNUELLE,

R C K.

JANV Le froment.
      Les digitales.
Ellébore n Les dauphinelles.
      Le millepertuis.
  FEVRII La centaurée des bleds.
L'aune.   L'amorpha.
Le saule-n L'azedarac, etc. etc.
————— p Le lierre.
La saxifrag Le cyclame.
————— tι L'amarillis jaune.
Le cresson Le colchique.
L'asaret d'I Le safran, etc. etc.
La parisett᷉

Le pissenli OCTOBRE (BRUMAIRE).
La jacinthe
Le lamier L'astère grandiflore.
Les prunie L'hélianthe tubéreux, ou le
L'anémone   topinambour.
L'orobe prι L'astere misère, etc. etc.
La petite ρ
Le frêne c
      T

TABLEAU
DE FLORAISON ANNUELLE,
D'APRÈS LAMARCK.

JANVIER (NIVOSE).

Ellébore noir ou de Noël.

FEVRIER (PLUVIOSE).

L'aune.
Le saule-marceau.
Le peuplier blanc.
Le noisettier.
La thymelée gentille.
La perce-neige, etc.

MARS (VENTOSE).

Le cornouiller mâle.
L'anémone hépatique.
L'androsace carnée.
La soldanelle.
La seslère bleue.
Le buis.
Le thuya.
L'if.
L'arabette des Alpes.
La renoncule ficaire.
L'ellébore d'hyver.
La passerage pusille.
L'amandier.
Le pêcher.
L'abricotier.
Le groseiller épineux.
Le pétasite.
Le tussilage pas-d'âne.
La renoncule blonde.
La giroflée jaune.
La primevère.
La fumeterre bulbeuse.
Le narcisse sauvage.
L'anémone à fleurs jaunes.
Le safran printanier.
La saxifrage à feuilles épaisses.
L'alaterne, etc.

AVRIL (GERMINAL).

Le prunier épineux.
Le rhodore de Canada.
La cynoglosse printanière.
La tulipe sauvage.
La drave aizoïde.
———————— printanière.
La saxifrage granulée.
———————— tridactyle.
Le cresson des prés.
L'asaret d'Europe.
La parisette.
Le pissenlit commun.
La jacinthe.
Le lamier blanc.
Les pruniers.
L'anémone des bois.
L'orobe printanier.
La petite pervenche.
Le frêne commun.
TOME II.

Le charme.
Le bouleau.
L'orme.
La fritillaire impériale.
Le lierre terrestre.
Le jonc des bois.
Le jonc champêtre.
Le céraiste des champs.
Les érables.
Le prunier mahaleb.
Les poiriers, etc.

MAI (FLORÉAL).

Les pommiers.
Le lilas.
Le marronnier.
Le gainier.
Les padiers ou pruniers à grappes.
Le cerisier des bois.
  B à fleurs doubles.
Le frêne polypetalé.
Le cytise des Alpes.
La spyrée crenelée.
La filipendule.
La pivoine.
La julienne alliaire.
La coriandre.
La bugle.
L'aspérule odorante.
La brione.
Le muguet de mai.
Le vinettier.
La consoude.
La bourrache.
La benoite.
Le fraisier.
L'argentine.
Le chêne.
Les iris, etc. etc.
Le plus grand nombre des plantes, en général.

JUIN (PRAIRIAL).

Les sauges.
Le coqueret alkekenge.
Le pavot coquelicot.
L'agripaume vulgaire.
La cigüe.
Le tilleul.
La vigne.
La berce branc ursine.
Les nigelles.
Les nénuphars (blancs et jaunes).
La brunelle.
Le lin.
Le cresson de fontaine.
Le seigle.
L'avoine.
L'orge.

Le froment.
Les digitales.
Les dauphinelles.
Le millepertuis.
La centaurée des bleds.
L'amorpha.
L'azedarac, etc. etc.

JUILLET (MESSIDOR).

L'hysope.
Les menthes.
L'origan.
La carotte.
La tanaisie.
Les œillets.
La gentiane centauriette.
Le succpin.
Les laitues.
La plupart des inules.
La salicaire.
La chicorée sauvage.
La marguerite jaune des champs.
La verge d'or des bois.
Le catalpa (bignone de Virginie).
La céphalante d'Amérique.
Le houblon.
Le chanvre, etc. etc.

AOUT (THERMIDOR).

La scabieuse succise.
La parnassie.
La gratiole.
La balsamine des jardins.
L'eufraise jaune.
La marguerite tardive.
La gentiane d'automne.
Plusieurs astères.
Le laurier-tin.
Les coriopes.
Les rudbeques.
Les sylphes, etc. etc.

SEPTEMBRE (VINDEM.)

Le fragon à grappes.
L'aralie épineuse.
Le lierre.
Le cyclame.
L'amarillis jaune.
Le colchique.
Le safran, etc. etc.

OCTOBRE (BRUMAIRE).

L'astère grandiflore.
L'hélianthe tubéreux, ou le topinambour.
L'astere misère, etc. etc.

très-remarquables et très-variés. Celles d'un grand nombre de végétaux s'épanouissent dès le matin; d'autres lorsque le soleil est à son midi; d'autres lorsqu'il est à son déclin. Quelques-unes ouvertes le matin se ferment le soir pour ne jamais se rouvrir; d'autres éclosent à l'entrée de la nuit, se ferment aux premiers rayons du jour, et semblables aux précédentes, se fanent en moins de douze heures. Beaucoup s'épanouissent, se ferment, se rouvrent pendant plusieurs jours à des heures fixes et invariables dans chaque climat. Il en est enfin sur lesquelles la chaleur, la lumière, l'humidité, etc., ont une telle influence, qu'elles se dilatent et se replient suivant l'état de l'atmosphère. En plein jour, lorsque ces fleurs sont parfaitement épanouies, qu'un nuage, passant devant le soleil, tempère la vivacité de la lumière, les divisions de leur périanthe se resserrent et cachent les organes générateurs; que le nuage se dissipe et que le soleil reprenne tout son éclat, la fleur s'épanouit encore et reste ouverte jusqu'à ce que de nouvelles variations dans le ciel la forcent à se refermer. Linnæus donne à ces diverses espèces le nom de *météoriques*, c'est-à-dire, soumises à l'influence des météores, parce qu'en effet elles suivent les variations de l'atmosphère. Il appelle fleurs *tropiques* celles qui, tous les jours, s'ouvrent le matin et se ferment le soir, mais dont l'épanouissement avance ou retarde, selon que les jours croissent et diminuent. Il nomme enfin fleurs *équinoxiales* celles qui s'ouvrent et se ferment régulièrement à une heure marquée, sans suivre la déclinaison des jours. Cet homme extraordinaire, aussi profond dans ses vues qu'ingénieux dans la manière de les présenter, avoit noté soigneusement l'heure à laquelle beaucoup de fleurs s'épanouissent, et avoit, par ce moyen, composé une *horloge de Flore*. Cette horloge ne convient que pour le climat d'Upsal ; car l'épanouissement des fleurs avance ou retarde, suivant que les espèces croissent dans les climats plus méridionaux ou plus septentrionaux (1).

Ces rapports, entre le climat et l'heure à laquelle une fleur s'épanouit, montrent que la lumière, la chaleur et l'humidité sont les causes principales de ces mouvemens ; et l'on peut conjecturer que l'absence

(1) Voyez le tableau, n° 4.

ou

5 à	8	Anthericum albu…
5 à	8	Alyssum alyssoïde…
5 à	8	Hypochæris hispic…
5 à	8	Lapsana rhagadio…
5 à	8	Mesembryanthemι…
5 à	8	Mesembryanthemι…
		Hieracium pilosell…
		Anagallis rubra.
		Dianthus prolifer.
		Hieracium chondr…
		Calendula arvensi…
5 à 10		Malva belvula .
5 à 10		Arenaria purpure…
5 à 10		Mesembryanthemu…
5 à 11		Mesembryanthemι…

Soir.

4 h.

Mirabilis jalapa.
Geranium triste.
Silene noctiflora.
Cactus grandifloru…

HORLOGE DE FLORE,

OU

TABLEAU de l'heure de l'épanouissement de certaines fleurs à Upsal, par 60 degrés de latitude boréale, d'après LINNÆUS.

HEURES du lever, c'est-à-dire, heures de l'épanouissement des fleurs.	NOMS DES FLEURS OBSERVÉES.	HEURES du coucher, c'est-à-dire, heures auxquelles se ferment ces mêmes fleurs.	
Matin.		Matin.	Soir.
3 à 5 h.	Tragopogon luteum	9 à 10 h.	
à 5	Leontodon taraxacoïdes		5 h.
4 à 5	Picris magna	12 ou	2
4 à 6	Chicorium scanense	10	
à 5	Crepis tectorum	10 à 12	
4 à 6	Scorzonera tingitana	10	
à 5	Sonchus lævis	11 à 12	
à 5	Papaver nudicaule		7
à 5	Hemerocallis fulva		7 à 8
5 à 6	Leontodon taraxacum	8 à 9	
5 à 6	Crepis alpina	11	
5 à 6	Tragopogon columnæ	11	
5 à 6	Lapsana rhagadiolus	10 à	1
5 à 6	Lapsana glutinosa	10	
5 à 6	Convolvulus rectus		7 à 8
6	Hypochæris pratensis		4 à 5
6	Hieracium fruticosum		5
6 à 7	Hieracium pulmonaria		2
6 à 7	Crepis rubra		1 à 2
6 à 7	Sonchus repens	10 à 12	
6 à 7	Sonchus belgicus		2
6 à 7	Hieracium rubrum		3 à 4
7	Leontodon chondrilloïdes		5
7	Hieracium latifolium		1 à 2
7	Sonchus laponicus	12	
7	Lactuca Sativa	10	
7	Calendula pluvialis		3 à 4
7	Nymphæa alba		5
7	Anthericum album		3 à 4
7 à 8	Alyssum alyssoïdes		4
7 à 8	Hypochæris hispida		2
7 à 8	Lapsana rhagadioloïdes		2
7 à 8	Mesembryanthemum barbatum		2
7 à 8	Mesembryanthemum linguiforme		3
	Hieracium pilosella		2
	Anagallis rubra		
	Dianthus prolifer		1
	Hieracium chondrolloïdes		1
	Calendula arvensis	12 à	3
9 à 10	Malva helvula		1
9 à 10	Arenaria purpurea		2 à 3
9 à 10	Mesembryanthemum crystallinum		3 à 4
9 à 11	Mesembryanthemum napolitanum		5
5 Soir.			
4 h.	Mirabilis jalapa		
	Geranium triste		
	Silene noctiflora		
	Cactus grandiflorus		12

ou la présence des fluides dans les périanthes est le moyen employé par la Nature pour produire ces effets ; car l'on conçoit que les fluides, se portant dans ces parties délicates lorsque le soleil échauffe l'atmosphère, doivent gonfler les cellules, dilater le tissu et forcer la fleur à s'épanouir ; et l'on conçoit encore que, si l'ascension de ces fluides se ralentit au déclin du jour ou pendant la nuit, les périanthes vuides et flasques doivent se replier sur eux - mêmes. Cette hypothèse explique aussi comment certaines fleurs ne s'épanouissent que dans les ténèbres : celles - ci, par suite de leur organisation particulière, laissent pendant le jour évaporer les fluides qui s'élèvent dans leurs vaisseaux, et ne peuvent s'ouvrir dans ces momens de grande transpiration ; mais, lorsque l'absence de la lumière rend la transpiration moins abondante ou tout à fait nulle, l'affluence des sucs dans les périanthes détermine leur épanouissement. On peut donc expliquer les divers mouvemens de la corolle, mais il est impossible de les soumettre à un calcul rigoureux, et de juger d'une manière exacte l'influence de toutes les circonstances qui y concourent. Pour y parvenir,

il faudroit non seulement connoître l'état
de l'atmosphère et ses moindres variations,
mais encore avoir une idée si nette de l'organisation de chaque plante, de la quantité
de fluides qu'elle reçoit, de ceux qu'elle
rejette, des parties qui en sont le plus abreu-
vées à différentes époques du jour ou de la
nuit, qu'il n'y a pas de possibilité que
nous arrivions jamais à ce dégré de connoissance. Voilà pourquoi toutes les expériences
que l'on a tentées sur les fleurs, ainsi que
sur les feuilles, n'ont rien appris de positif.
Les résultats ont varié presqu'autant qu'on
a examiné d'espèces, et l'on n'a pu établir
de principes généraux. Decandolle nous
apprend, dans ses ingénieuses expériences,
qu'une belle de nuit s'épanouit durant le
jour, si on la place dans une obscurité profonde, et se ferme durant la nuit, si on
l'éclaire avec une lumière artificielle. Or,
on sait que, dans l'état naturel, la belle de
nuit est fermée le jour et ouverte la nuit.
On devroit donc conclure que la présence
ou l'absence de la lumière sont les causes
de ce phénomène et des phénomènes analogues; mais le même naturaliste nous dit
que cette expérience, tentée sur d'autres
espèces de ce genre ou de genre différent,

n'a amené aucun résultat parfaitement semblable : les unes ont seulement avancé ou
retardé de quelques momens leur épanouissement ; les autres se sont comportées à peu
près comme en plein air, et l'on doit penser
que toutes ont souffert plus ou moins de
cette position forcée. Il me semble que les
résultats, qu'on obtient par des expériences
qui contrarient la Nature, sont en général
fort peu concluans.

ARTICLE II.

De la fécondation.

La fécondation ne s'opère ordinairement
qu'après l'épanouissement de la fleur ; la poussière séminale est alors lancée sur le stigmate.
Quelques naturalistes ont dit qu'elle pénètre
jusqu'aux ovules par un canal particulier :
cette opinion est tombée d'elle-même dès
qu'il a été prouvé que la plupart des styles
ne sont pas creux. Un observateur, c'est,
je crois, Gleichen, a pensé que la fécondation a lieu par le mélange de deux principes : l'un mâle, produit par les étamines ;
l'autre femelle, produit par le pistil. Les
partisans de ce système s'appuient sur ce
qu'au tems de la fécondation le stigmate se

couvre d'une humeur visqueuse qui disparoît peu après qu'il a reçu le pollen. Cette
humeur est, selon eux, la preuve évidente
de la virginité et de la puberté de l'ovaire.
Mais il n'y a qu'un petit nombre de stigmates qui soient visqueux au moment de la
fécondation; ainsi rien ne prouve que l'organe mâle ne soit pas seul doué de la vertu
prolifique, comme le pensoit l'illustre Haller.
D'ailleurs il est démontré, par les recherches
de Malpighi, de Hales, de Spallanzani, de
Bonnet, que les germes, soit dans les animaux, soit dans les végétaux, préexistent
à la fécondation; il est donc probable que,
dans les uns et les autres, le fluide sper-
matique n'est qu'un stimulant qui donne
l'impulsion et le mouvement au sperme à
peine formé. La poussière des étamines,
lancée sur le pistil, laisse échapper la
liqueur qu'elle contient; sans doute cette
liqueur subtile pénètre l'épiderme délicat
qui recouvre l'extrémité des vaisseaux dont
le stigmate est formé; elle descend jusqu'au
placenta des graines, se distribue dans les
différentes ramifications des cordons ombilicaux, et va féconder chaque germe.

On doit remarquer que l'analogie entre
les animaux et les plantes n'est nulle part

plus frappante que dans la fécondation, et cet acte est, comme l'on sait, le plus important de tous, puisque de lui dépend la conservation des espèces. Pour assurer l'exécution de son plan, la Nature a multiplié les moyens. La poussière des étamines est d'une légèreté extrême; le moindre vent la fait voler au loin; on la voit le matin s'élever comme un brouillard transparent au dessus des champs de blé. Elle s'échappe de même des forêts de pin, et va retomber sur les campagnes ou sur les villes au gré du courant d'air qui lui sert de véhicule : le peuple l'a souvent prise pour une pluie de soufre. Il est bien difficile que quelques grains de cette poussière n'arrivent pas à chaque pistil. D'ailleurs, autant l'hermaphrodisme est rare parmi les animaux doués en général de la faculté locomotive, autant il est commun parmi les plantes qui ne peuvent se transporter d'un lieu dans un autre. Cette réunion des organes mâles et femelles assure encore plus la fécondation que la légèreté de la poussière des étamines.

On a remarqué que, lorsque les parties mâles et femelles étoient d'une longueur à peu près égale, la fleur étoit indifféremment droite, penchée ou horisontale; que lorsque le style étoit plus court que les étamines ; la fleur étoit redressée ; que lorsqu'il étoit plus long, elle étoit penchée ; par ce moyen la poussière, chassée de l'anthère, rencontre toujours le stigmate. Cependant ceci n'est pas sans exception ; dans quelques fleurs redressées, les étamines sont sensiblement plus courtes que le style, et l'inverse a lieu dans des fleurs pendantes ; mais, avant l'émission de la poussière, il arrive souvent que les premières s'inclinent vers la terre, et que les secondes se redressent vers le ciel ; et ce qui prouve les rapports de ces mouvemens avec l'acte qu'ils favorisent, c'est que, la fécondation achevée, les fleurs reprennent communément leur première position.

On observe aussi des mouvemens très-marqués dans les étamines et dans le pistil. Quelquefois, à l'instant même où la fleur s'épanouit, les étamines, comprimées jusqu'alors par le périanthe, se redressent avec force, et dans le même instant l'anthère s'ouvre et fait jaillir la poussière ; d'autres fois, ces organes, doués d'une irritabilité admirable, se penchent sur le pistil et touchent le stigmate de leur anthère ; ou bien le filet de l'étamine reste immobile, et l'anthère, pirouettant comme sur un pivot,

se tourne vers le stigmate. Dans certaines
espèces les étamines se contractent les unes
après les autres; dans d'autres espèces elles
se contractent toutes ensemble. Les mouvemens sont plus rares dans les organes
femelles; il semble, comme l'observe in-
génieusement Desfontaines, que chez les
plantes aussi bien que chez les animaux,
la Nature ait voulu que les mâles fussent
les agresseurs. Néanmoins, dans plusieurs
espèces, les styles s'inclinent vers les étamines immobiles, et vont toucher les anthères. On voit aussi des stigmates, formés
de deux lames, s'entre-ouvrir avant la fécondation et se refermer ensuite.

Lorsque les sexes sont séparés sur un
même individu, les fleurs mâles s'ouvrent
avant les femelles ou en même tems
qu'elles : les anthères lancent leur poussière
quand les pistils sont en état de la recevoir.
Dans ces plantes, que les botanistes ont appelées *monoïques*, il est bien rare que les
fleurs femelles ne soient pas placées au dessous des fleurs mâles.

Mais, lorsqu'une espèce est *dioïque*, c'est-
à-dire, lorsque les individus de cette espèce
portent des fleurs mâles ou des fleurs femelles, et jamais l'une et l'autre à la fois,

il faut d'autres moyens pour en assurer la fécondation. Nous observerons d'abord que le même pays produit toujours le mâle et la femelle , et que la floraison de l'un et de l'autre ayant toujours lieu à la même époque , il ne faut par conséquent qu'un vent favorable pour couvrir les pistils de la poussière des étamines ; et nous ajouterons que les femelles produisent également des graines mâles et femelles , en sorte que , si un individu fécondé est abandonné à lui-même , il s'entourera bientôt de sa postérité , et les individus mâles rapprochés des femelles leur verseront la poussière fécondante. Ces moyens de conservation sont si bien combinés, qu'on ne voit jamais un individu femelle rester stérile dans son pays natal.

Les plantes aquatiques tiennent ordinairement leurs fleurs cachées sous l'eau jusqu'au tems de la fécondation , époque à laquelle ces fleurs viennent nager à la surface ; elles s'épanouissent , elles se fécondent et retournent quelquefois au fond de l'eau où leurs fruits mûrissent. Je ne puis passer sous silence le phénomène singulier que présente la valisneria. Cette plante croît dans le Rhône et dans les fossés marécageux de Florence et de Pise. Elle est dioïque. Ses fleurs femelles sont solitaires. Attachées au sommet de longs supports, roulées en spirale, elles surnagent avant d'être fécondées ; ses fleurs mâles, fixées en grand nombre sur de courts supports, sont, avant leur épanouissement, recouvertes par les eaux ; elles se détachent au tems marqué pour la fécondation ; elles montent vers la lumière, comme l'on voit des bulles d'air s'élever du fond d'un liquide ; le mouvement naturel des eaux les porte vers les fleurs femelles, puis les entraîne au loin ou les jette sur le rivage. Cependant les fleurs femelles ont reçu la poussière des étamines, leurs longs supports se roidissent, les spires qu'ils forment se contractent et se rapprochent : elles descendent sous les eaux où leurs fruits achèvent de se développer.

Tels sont les principaux phénomènes de la fécondation. Je me suis contenté de les indiquer ; mais je reviendrai sur chacun en particulier dans mon histoire des espèces. Tous ces faits sont incompréhensibles, et l'on est encore à trouver quel principe peut dans les plantes remplacer si parfaitement la sensibilité dont elles sont privées.

ARTICLE III.

Suite de la fécondation. Expériences qui ont servi à démontrer la réalité de ce phéno-mène.

On a remarqué , non sans étonnement, que les anciens n'avoient aucune idée du sexe des plantes et de leur fécondation, quoiqu'ils cultivassent des végétaux dioïques pour leurs usages particuliers , et qu'ils sussent très-bien que les individus qui portoient les fruits ne les amenoient à une maturité parfaite, que lorsqu'ils avoient dans leur voisinage des individus stériles , c'est-à-dire, des individus mâles ; ce fait étoit connu dès la plus haute antiquité.

Les orientaux fécondoient leurs palmiers femelles en secouant les fleurs à étamines sur les fleurs à pistil , comme ils le font encore aujourd'hui ; mais les philosophes de l'antiquité n'avoient vu , dans ce phéno-mène , qu'une certaine sympathie entre des êtres auxquels ils ne supposoient aucun rapport matériel : c'est ce qui fait dire à Pline qu'au tems de la floraison le palmier mâle tient ses branches élevées, et féconde par son souffle les palmiers femelles qui l'entourent.

Les modernes, jusqu'à l'époque où parut Linnæus, n'avoient pas des idées plus nettes de ce beau phénomène : il est vrai que plusieurs hommes avoient déjà prouvé l'existence des sexes ; mais leurs travaux n'avoient excité qu'une médiocre attention, et bientôt étoient tombés dans l'oubli. Cependant, il faut l'avouer, ces travaux méritoient plus de succès. Camerarius, qui écrivit sur la fécondation des plantes à la fin du seizième siècle, rapporte plusieurs expériences qu'il tenta sur le maïs, la mercuriale et le mûrier, lesquelles démontrent que les étamines sont les organes mâles nécessaires à la reproduction de l'espèce. Il propose de distribuer les plantes en trois classes : la première comprendroit celles qui portent les fleurs mâles et les fleurs femelles sur des individus différens ; la seconde, celles qui portent sur le même individu des fleurs mâles et des fleurs femelles ; la troisième, celles qui renferment dans la même fleur les organes mâles et femelles. Geoffroi, fils, publia en 1726 un travail consigné dans les Mémoires de l'académie des sciences, où il expose très-

clairement les fonctions des étamines et des
pistils. Il cite beaucoup de faits à l'appui
de son opinion. Vaillant suivit les idées de
Geoffroi sans y rien ajouter d'ailleurs ; mais
Linnæus jeta la plus vive lumière sur ce
phénomène, en rassemblant tout ce qui avoit
été observé avant lui, et en y ajoutant un
grand nombre d'expériences curieuses.

Les plantes dioïques sont beaucoup plus
propres que les autres plantes à ces sortes
d'expériences. Il suffit de séparer le mâle
de la femelle pour que les graines avortent,
ou de les rapprocher pour que ces mêmes
graines soient fécondées. Il existoit dans
les jardins de Berlin un palmier femelle
qui n'avoit encore produit que des graines
stériles. Gleditsch fit venir de Dresde des
rameaux de palmier mâle, chargés d'étamines, et en secoua le pollen sur les pistils,
qui portèrent cette fois des fruits féconds :
dix-huit ans après on répéta la même expérience avec un égal succès. La mercuriale annuelle a, comme le palmier, des
individus mâles et des individus femelles ;
qu'on les éloigne beaucoup, les femelles
seront stériles ; qu'on les mette à peu de
distance, quelques fleurs femelles seront

fécondées et le reste avortera ; qu'on les rapproche davantage, toutes les fleurs femelles porteront de bonnes graines.

Le *clutia pulchella*, plante dioïque, comme les précédentes, fournit à Linnæus le sujet de deux expériences qui méritent d'être rapportées. Il prit une fleur mâle, l'attacha à une fleur femelle qui fut fécondée, tandis que toutes les autres restèrent stériles. Le pistil du *clutia* a trois stigmates ; chacun répond à une loge qui contient une seule graine : Linnæus enleva avec la barbe d'une plume le pollen d'une fleur mâle, couvrit avec du papier deux stigmates, et secoua sur le troisième la poussière fécondante ; la loge correspondante à ce stigmate fut fécondée les graines des deux autres loges avortèrent. Cette expérience a été répétée sur d'autres végétaux, mais non pas avec un égal succès. La poussière, jetée sur un stigmate, féconda toutes les loges.

Si l'on enlève les fleurs mâles des plantes monoïques, les pistils ne se développent pas, de même que lorsqu'on éloigne les mâles des femelles dans les plantes dioïques. L'avortement du pistil a lieu également dans les fleurs hermaphrodites, lorsqu'on retranche les étamines. Les insectes qui dévorent ces organes, les grandes pluies qui emportent la poussière fécondante s'opposent aussi au développement des graines. Mais ce qui dissiperoit tous les doutes, s'il en restoit encore, c'est ce qui arrive quand on féconde le pistil d'une espèce par les étamines d'une autre. On obtient par ce mélange une race mixte semblable à la mère par les organes de la génération, et au père par les feuilles et les autres parties accessoires. Il faut qu'il y ait, comme dans les animaux, de grands rapports d'organisation entre le mâle et la femelle, pour que cette fécondation réussisse. Les botanistes ont donné le nom d'hybride à ces plantes, qui sont de véritables mulets. Tel est un grand nombre de variétés de potirons ou de choux. En réfléchissant sur l'étonnante multiplicité des plantes qui couvrent le globe; sur le grand nombre d'espèces que toute la perspicacité du botaniste ne parvient pas toujours à séparer par des caractères certains; sur les nuances insensibles qui nous conduisent de l'une à l'autre; sur la quantité de variétés dans lesquelles on a peine à retrouver les traits caractéristiques de l'espèce; sur l'extrême légèreté du pollen transporté d'un lieu dans un autre par le moindre courant d'air; sur l'étonnante

flexibilité de l'organisation végétale, etc., on
peut soupçonner que les races primitives se
réduiroient à un petit nombre si l'on pouvoit en séparer toutes les races hybrides.
Cette idée prend plus de force encore quand
on considère que chaque jour on découvre
de nouvelles espèces ou des variétés très-
remarquables dans des lieux que les botanistes parcourent depuis des siècles, et dont
il étoit probable qu'on connoissoit toutes les
productions végétales. Enfin, on peut croire
qu'avec le tems il se formera des espèces
dont nous n'avons pas maintenant la moindre idée, et que par conséquent le nombre
des races de plantes ira toujours en croissant. Il seroit à desirer que d'habiles naturalistes fissent une étude particulière des
hybrides, et qu'ils tentassent de croiser les
races. Peut - être leurs recherches répan-
droient-elles de nouvelles clartés sur la fécondation ; mais à coup sûr il en naîtroit
des résultats inattendus.

Malgré tous les faits que Linnæus apporta
en preuve de la fécondation des pistils par
les étamines, cette opinion eut d'abord beaucoup de peine à s'établir ; néanmoins, le
génie de Linnæus triompha des obstacles ;
et ce philosophe, semblable, sous ce rap-

port, au célèbre Harvey, obtint toute la gloire d'une découverte qui ne lui appartenoit pas, mais à laquelle il avoit donné un merveilleux éclat, en la rattachant à son vaste et ingénieux système.

Cependant Spallanzani a fait des expériences sur la fécondation des plantes, d'où l'on seroit tenté de conclure que le pollen n'est pas toujours absolument nécessaire au développement de graines fécondes. Le chanvre femelle, séparé du mâle, et l'épinard, privé de toutes ses fleurs à étamines, donnèrent des graines qui germèrent parfaitement, et reproduisirent des plantes semblables à leur mère. Plusieurs espèces de courges offrirent le même phénomène ; et comme Spallanzani avoit pris des précautions singulières pour que les pistils ne reçussent aucun grain de la poussière des étamines, on est fondé à croire, avec ce célèbre physicien, que, si la fécondation s'est opérée, c'est par quelques moyens cachés ; ce qui ne paroîtra pas impossible si l'on fait attention à l'extrême flexibilité de l'organisation végétale. D'ailleurs, il faut convenir que l'analogie est ici bien puissante, pour démontrer l'existence d'un principe fécondateur dans tous les végétaux

pourvus

pourvus d'étamines et de pistils. Comment croire en effet que ces principes seroient indispensables aux uns et inutiles aux autres? N'est-il pas plus simple d'imaginer que la Nature, pour assurer la fécondation des germes, suit quelquefois des routes secrettes et parvient à son but sans nous montrer ses procédés? Ne se pourroit-il pas que l'action du principe fécondateur s'étendît à plusieurs générations, comme on l'a observé dans le puceron? Des expériences sagement dirigées dissiperoient peut-être tous les doutes.

CHAPITRE III.

Du fruit.

ARTICLE PREMIER.

Développement de la graine dans le fruit (1).

SANS doute les germes préexistent à la fécondation ; mais alors leur existence est dépendante de l'être qui leur a donné naissance. Ils n'ont point encore une vie qui leur soit propre. Que la fécondation n'ait pas lieu, l'ovaire se flétrit et les germes périssent comme parties inutiles ; qu'au contraire la poussière fécondante touche le stigmate, le mouvement vital est imprimé aux germes, et l'ovaire, dilaté insensiblement, se change en fruit. On distingue dans le fruit les graines et le péricarpe ou enveloppe des graines. Je donnerai tout à l'heure une description circonstanciée du péricarpe ; mais avant je dois suivre l'embryon dans sa croissance, et montrer, autant que nos lumières nous le permettent, comment la

______

(1) Voyez le tableau, n° 5.

TABLE

Où les P*LANTES* *les*

dans le climat (

NOMS DES I
Fraises. . . . . .
Groseilles à maquereau.
Foins . . . . . .
Orge } ou blés de n:
Avoine }
Cerises. . . . . .
Groseilles rouges . .
Seigle . . . . . .

TABLEAU DU TEMS

Où les PLANTES *les plus connues mûrissent ou fructifient dans le climat de Paris, d'après* ADANSON.

NOMS DES PLANTES.	EPOQUE moyenne à laquelle elles fructifient.
Fraises.	25 juin.
Groseilles à maquereau.	4 messidor.
Foins	
Orge ⎫	24 juin.
Avoine ⎬ ou blés de mars.	5 messidor.
Cerises.	1 juillet.
Groseilles rouges	12 messidor.
Seigle	
Cerneaux.	
Abricots	
Prunes jaunes hâtives	
Amandes.	
Mûres.	1 août.
Melons	13 thermidor.
Poires blanquettes.	
—— d'épargne.	
Figues d'été	
Froment	
Prune-monsieur.	
—— reine-claude.	
—— damas	
—— Saint-Julien	1 septembre.
Pêches.	14 fructidor.
Noix.	
Marrons.	
Poires beurrés	
Raisins. Vendanges.	
Figues d'automne.	1 octobre.
Châtaignes.	9 vindémiaire.
Poires d'hyver	
Pommes	

TOME II.

Nature forme cette première ébauche de la plante.

Les vaisseaux du style se joignent dans le placenta à ceux du pédoncule, et ils composent par leur union le cordon ombilical, lequel se termine par un petit globe qui grossit peu à peu et se change enfin en un sac rempli par une goutte de substance organisatrice ; c'est l'œuf végétal ou la graine. Avant, et même quelque tems après la fécondation, on n'observe rien de nouveau dans le petit œuf, si ce n'est qu'il continue de grossir, et que le mucilage qu'il renferme augmente à proportion. Quand il est arrivé à un certain dégré de développement, et c'est d'ordinaire après la chûte des étamines et des périanthes, on voit dans la cavité interne, au point même ou s'insère le cordon ombilical, une poche ovale revêtue extérieurement d'un tissu cellulaire qui remplit toute la cavité de la graine occupée d'abord par la substance organisatrice. La poche ovale s'accroît ; l'embryon y paroit comme un point blanc ou verd dont le volume augmente incessamment ; il nage dans la substance organisatrice que contient la poche ovale. Les cotyledons ne tardent pas à paroître ; leur masse, repoussant peu à peu le tissu cellulaire, comble quelquefois toute la cavité de la graine; mais souvent aussi ce tissu reçoit dans ses cellules un fluide qui s'élabore, s'épaissit, devient cette matière concrète à laquelle nous donnons le nom d'albumen, et s'oppose au développement des cotyledons. Ces organes sont, comme nous l'avons prouvé à l'article de la germination, les premières feuilles de l'embryon gênées dans leur croissance et privées du contact de la lumière et de l'air atmosphérique. Lorsque la liqueur, qui doit se transformer en périsperme, pénètre leur tissu et les épaissit, ils remplissent toute la cavité de la graine; lorsqu'au contraire cette liqueur filtre dans le tissu environnant, elle laisse aux cotyledons leurs formes naturelles; ils sont minces, marqués de nervures, et même ils offrent quelquefois les angles et les sinuosités des feuilles qui appartiennent à leur espèce.

Le testa, tégument externe de l'embryon et du périsperme, paroît toujours avant la fécondation; la membrane interne ne se montre qu'après. La graine prend tout le volume qu'elle doit avoir, avant que le péricarpe ait terminé sa croissance; mais elle n'arrive à une maturité parfaite que

lorsque le péricarpe est parvenu au terme
de son développement ; car cette enveloppe
ne sert pas seulement de défense et d'abri
aux graines , elle prépare encore les sucs
nourriciers qui les pénètrent , et forme autour d'elles une sorte de corps glanduleux
où s'élaborent les fluides. Hales a prouvé
que les fruits charnus transpirent ; et l'on
sait, par des expériences bien faites , que
les péricarpes verds , exposés à la lumière ,
décomposent l'eau et l'acide carbonique, de
même que les feuilles. Duhamel rapporte
qu'ayant coupé des noix à l'époque où l'a-
mande est encore glaireuse , les cerneaux
s'étoient presque aussi bien formés que si les
noix fussent restées sur l'arbre : ils étoient
plus petits quand on les tenoit dans un lieu
sec , mais ils conservoient leur grosseur naturelle dans les lieux humides , tels qu'une
cave.

A R T I C L E I I.

Des diverses espèces de péricarpes considérés comme faisant partie du fruit.

Les germes destinés à la reproduction des espèces sont toujours revêtus d'enveloppes particulières ou de péricarpes, soit que leur développement dépende de la fécondation, soit que ce développement doive s'opérer sans elle. Les germes des champignons sont logés entre des feuillets ou dans des tubes, des sacs, des loges, etc. Il en est de même des hépatiques et des algues. Dans les lycopodes et dans une section des fougères, de petites boites arrondies mettent les fœtus à l'abri. Les mousses présentent une enveloppe à la fois plus élégante et plus compliquée ; c'est une urne fermée par un couvercle, lequel est lui – même recouvert, dans sa première jeunesse, d'une coiffe en forme de cornet. Au centre de l'urne il y a une petite colonne qui sans doute est une espèce de placenta, non pas tel que celui des fleurs à étamines, puisque probablement il n'existe dans ces plantes ni style ni stigmate, mais servant simplement d'attache aux germes dont il est environné. Beaucoup de fougères présentent des sacs membraneux entourés de bourrelets élastiques, marqués d'articulations transversales. Les pillulaires et les lemma cachent leurs germes sous des enveloppes globuleuses, contenant aussi de petites vessies, que Bernard de Jussieu croit être des étamines.

Dans les plantes pourvues d'organes mâles et femelles, l'ovaire se change après la fécondation en un fruit dont le péricarpe est extrèmement variable par sa forme et son aspect; il est dur, mou, sec, succulent, simple, composé, lisse, armé d'épines, etc. Il s'ouvre par des panneaux ou valves d'abord soudées ensemble, ou reste fermé jusqu'à ce que les graines, gonflées par la germination, le fassent éclater; il est très-petit, ou prend des dimensions considérables. Le péricarpe de l'amaranthe est gros comme la tête d'une épingle; celui du potiron a quelquefois près de trois pieds de diamètre; celui du *mimosa scandens* a cinq à six pieds de long.

Le plus simple de tous les péricarpes est sans doute celui qui, étant formé d'une substance homogène plus ou moins épaisse ou plus ou moins dure, ne contient qu'une graine, la recouvre immédiatement, y adhère par sa superficie interne, ne s'ouvre point et se comporte dans la terre comme les propres enveloppes de la graine. Tel est le froment et toutes les graminées ; telles sont les ombellifères, les composées, etc. Par abus de mots, les graines de ces plantes sont désignées ordinairement comme étant nues (1).

La Nature supplée quelquefois à la foiblesse de ces enveloppes, en donnant aux périanthes simples ou aux calices la propriété de se durcir insensiblement, et de se transformer en une espèce de capsule non moins solide que les vraies capsules : c'est ce qui a lieu dans l'épinard. Quelquefois aussi ce péricarpe artificiel se ramollit peu à peu, et forme une substance pulpeuse analogue à celle des péricarpes, auxquels on donne le nom de baies.

Il y a des fruits beaucoup plus composés que ceux-ci à l'époque de leur maturité, et qui cependant n'étoient pas moins simples

---

(1) Cette dénomination est mauvaise parce qu'elle est fausse ; mais elle est justifiée jusqu'à un certain point par l'apparence, puisque l'union de la graine avec le péricarpe est telle que l'on prendroit volontiers ce dernier pour le testa, si l'on n'avoit aucune connoissance des développemens de la plante à laquelle appartient la graine.

dans l'origine. Tout le monde connoît les
grappes ou chatons que forment les fruits
de l'orme ou du saule ; à la base de chaque
fleur est une bractée ou feuille florale qui se
dessèche et reste attachée sur l'axe commun
après la fécondation ; les écailles des cônes
des sapins, des pins, des cèdres, des ciprès,
ne sont aussi que des bractées ; mais, semblables au calice de l'épinard, elles se dur-
cissent peu à peu, elles croissent en volume,
s'appliquent les unes sur les autres, se recouvrent mutuellement comme les tuiles
d'un toit, et forment enfin ces fruits coniques qui ne sont réellement qu'une multitude de petites capsules très-simples, recouvertes par les bractées devenues ligneuses.

Le fruit succulent et mameloné de la
mûre est dû à une cause analogue, sans
que les moyens soient précisément les
mêmes ; les calices s'imbibent, se gonflent,
se soudent aux points de contact, et ne
forment plus qu'un seul et même fruit succulent. Le réceptacle, qui est, comme l'on
sait, la partie sur laquelle reposent une ou
plusieurs fleurs, contribue aussi à donner
une physionomie particulière à la fructification ; il s'alonge dans les cônes et les
chatons ; il s'aplatit dans le *dorstenia* ; il se

creuse en cône dans l'*ambora*; il se creuse
également dans la figue, et se fermant à la
partie supérieure, il prend la forme d'une
poire et présente un péricarpe d'un genre
très-remarquable.

La partie succulente de la fraise est encore un vrai réceptacle. Les péricarpes de
ce fruit, bien différens de celui de la mûre,
sont de petites capsules placées à la superficie même du réceptacle pulpeux.

Nombre de plantes ont pour péricarpe
des boîtes ou capsules, s'ouvrant d'ordinaire
par une ou plusieurs valves longitudinales,
ou plus rarement par une valve transver-
sale, comparable au couvercle d'une boîte à
savonette (1). Ils offrent intérieurement plusieurs cavités ou une seule, selon qu'ils ont
ou n'ont point de cloisons.

D'autres produisent des follicules semblables à des feuilles ovales dont les bords
seroient rapprochés et soudés ; les graines
sont attachées sur un placenta fixé intérieurement le long de la suture ; il se détache
quand le fruit est arrivé à maturité, et la
follicule s'ouvre.

---

(1) Il y a des capsules qui ne s'ouvrent pas : ce sont
les noix des botanistes.

D'autres ont des gousses ou légumes formés de deux battans soudés ensemble, ne s'ouvrant que d'un seul côté et portant leurs graines sur un placenta qui règne le long de la suture solide.

D'autres ont des péricarpes composés de trois pièces : deux sont des valves rapprochées et jointes comme celles des gousses ; la troisième, parallèle aux premières et située entre elles, sépare en deux loges la cavité qu'elles forment, et adhère à leur suture dans toute sa périphérie ; les graines placées dans les deux loges, et attachées à deux placenta parallèles servant de cadre à la cloison mitoyenne, partent alternativement de l'un et de l'autre côté. Les deux valves s'ouvrent de bas en haut, ou de haut en bas, et découvrent la cloison bordée par les placenta et chargée de graines. Lorsque ce péricarpe est plus long que large, on lui donne le nom de *silique* ; on le nomme *silicule* quand au contraire il est plus large que long.

Les drupes nous présentent une organisation plus compliquée : au centre est le noyau, capsule dure et ligneuse avec ou sans suture apparente, mais ne s'ouvrant jamais que dans la germination ; à la superficie est la pulpe, enveloppe charnue ou succulente, se desséchant ou se pourrissant après la maturité ; telle est la pulpe de la cerise.

Les péricarpes en pomme (1), comme celui du pommier, du poirier, ont par leur substance beaucoup d'analogie avec les drupes ; mais ils en diffèrent essentiellement par leur origine. Le drupe est un seul ovaire épaissi ; la pomme doit son existence à la réunion de plusieurs ovaires et du calice devenu succulent. Le drupe ne contient jamais qu'un noyau central ; la pomme renferme plusieurs capsules ou osselets réunis ou distincts autour du centre du fruit. Dans le drupe la radicule pointe vers le ciel, les vaisseaux du pédoncule pénètrent la sub-

-----

(1) Je ne crois pas que, dans les descriptions botaniques, il soit nécessaire de séparer la pomme de la baie. Cette réunion lève beaucoup de difficultés. Tout péricarpe charnu, pulpeux, succulent, ne contenant qu'une graine, ou qu'un noyau à une ou plusieurs graines, peut être rangé parmi les drupes. Tout péricarpe charnu, pulpeux, succulent, contenant plusieurs graines ou plusieurs noyaux, prend place parmi les baies. C'est ensuite au botaniste habile à modifier ce nom de drupe ou de baie par des épithètes convenables.

stance du noyau, et vont gagner la partie
supérieure pour former avec les vaisseaux
du style le cordon ombilical; dans la pomme
la radicule regarde la terre, les vaisseaux
des styles gagnent la partie inférieure des
osselets ou des capsules, où ils se joignent
aux vaisseaux du pédoncule. Enfin le drupe
est entier à son sommet, et la pomme est
marquée d'un ombilic formé par les dents
du calice.

Quant aux baies, il est impossible de les
définir d'une manière précise, parce qu'elles
n'ont aucun caractère positif, et qu'elles
ne forment un groupe distinct que parce
qu'elles ne peuvent être confondues avec
les drupes et les pommes. A la vérité la baie
a un double péricarpe, comme les deux
fruits précédens; mais tantôt elle est formée
par l'ovaire seul, tantôt par le calice et
l'ovaire réunis, et lorsque ces caractères se
trouvent absolument semblables à ceux du
drupe ou de la pomme, la position du péricarpe intérieur relativement à l'extérieur
établit toujours quelques différences impor-
tantes. En général dans les baies le péricarpe externe est très-mou et très-succulent.
On a cependant des baies sèches.

Je ne finirois pas si je voulois décrire

toutes les espèces de péricarpes. Je m'en tiens donc à ces considérations générales, qui suffisent maintenant pour le but que je me propose. On conçoit que l'organisation de ces enveloppes est aussi variée que leurs formes. Dans toutes on observe la présence du tissu cellulaire et des petits et grands tubes. Lorsque le péricarpe est herbacé, l'épiderme est très-poreux, le tissu cellulaire offre une lame assez mince, et les tubes sont distribués en nervures comme dans les feuilles. Lorsque le péricarpe est ligneux, les petits tubes dominent et les cellules sont peu nombreuses. L'inverse a lieu dans les péricarpes charnus; ils contiennent beaucoup de tissus cellulaires, peu de tissus tubulaires, et des sucs en abondance; ils transpirent très-peu relativement à leur volume.

CHAPITRE IV.

Des moyens employés par la Nature pour disséminer les graines sur la terre et en assurer le développement.

Nous avons vu précédemment que l'ovaire ne grossissoit d'une manière sensible qu'après la fécondation. Avant cette époque il est en général étiolé et blanchâtre; mais, quand la fécondation a eu lieu, il verdit et devient herbacé; alors il absorbe et rejette beaucoup de fluides, et sert à nourrir la graine; enfin il mûrit et prend la forme et la consistance qui conviennent à chaque fruit suivant le végétal auquel il appartient. La maturité des ovaires changés en péricarpes est, à proprement parler, le terme de leur vie. Les uns n'offrent plus qu'un bois extrêmement compact; d'autres que des lames minces et desséchées; d'autres qu'une substance succulente, prompte à fermenter et à se corrompre. Ces différens états indiquent la maturité des graines et le tems où elles vont être confiées à la terre.

Pour contraindre les êtres doués de la vie et du sentiment à se reproduire par l'union des sexes, la Nature n'a employé d'autre force que l'attrait du plaisir; pour assurer la conservation des individus naissans, elle n'a pas pris de moyens moins certains, en donnant aux animaux l'amour de leur progéniture. Excité par l'aiguillon des desirs, l'animal solitaire et farouche cherche la société de ses semblables; plein de sollicitude et de tendresse pour ses petits, l'animal féroce, avide de carnage, les nourrit de son propre sang, et souvent oublie pour eux jusqu'au soin de sa conservation. Ainsi la génération qui penche vers son déclin devient un rempart derrière lequel la génération nouvelle croît en sécurité; par une loi constante et invariable les forts s'arment pour les foibles, et ces derniers, devenus forts quand les autres ne sont plus, protègent à leur tour leur postérité naissante, et payent le tribut d'amour qu'ils doivent à leur race. Mais comment la plante insensible et dans laquelle cependant la fécondation s'opère comme je l'ai fait voir tout à l'heure, comment, dis-je, protégeroit-elle la graine lorsque le fruit la laisse échapper, ou se détache lui-même de son support desséché?

desséché ? Où retrouver ici cette sagesse suprème qui veille à la conservation des espèces? Nous allons voir encore que la Nature a tout prévu. Le nombre des graines est un des premiers obstacles à la destruction des races. Tel végétal en produit plus de cent mille dans l'espace d'une année : il faut bien que quelques-unes échappent à la voracité des animaux ou à l'intempérie des saisons. Tel autre végétal donne des graines revètues d'enveloppes si dures qu'elles ont un abri jusqu'à leur germination. Il y a des graines armées d'épines propres à éloigner les animaux, et d'autres qui les rebutent par leur saveur désagréable.

Les moyens que la Nature met en œuvre pour répandre les graines sur la terre sont admirables, et ne contribuent pas moins à leur conservation. On diroit que les plantes, étant de toute nécessité fixées dans le lieu où elles prennent naissance, les êtres sensibles ou insensibles, mais mobiles, ayent été chargés spécialement de disséminer leurs germes. On remarque aussi que certains péricarpes s'ouvrent avec élasticité et lancent au loin les grains qu'ils contiennent. Dans la balsamine, l'oxalis, le dionœa, la fraxi-

nelle et les plantes de la famille des euphorbes, les valves s'écartent comme par
un ressort, et impriment aux graines un
mouvement projectile. Cette rupture du
péricarpe est si violente dans le *hura crepitans*, qu'elle se fait avec explosion. Dans le
momordica elaterium, la baie, éprouvant
tout à coup une violente contraction, s'ouvre
et lance à la fois ses semences et son suc
corrosif. Quelques plantes de la famille des
champignons ont, au tems de la maturité,
des mouvemens élastiques qui font voler
leur poussière. Les sacs des fougères à anneaux s'ouvrent par secousse. Toutes les
graines légères sont emportées par les vents,
et vont se déposer au loin dans les plaines,
sur les arbres, les chaumières, le faîte
des édifices et le sommet des montagnes.
Beaucoup ont reçu de la Nature des ailes,
des aigrettes, des panaches, qui les sou-
tiennent dans les airs. Celles des érables
ont deux ailerons membraneux; celles de
l'orme sont enchâssées au milieu d'une foliole ovale; celles du cèdre sont terminées
par un feuillet large et mince. Les graines
placées sur des réceptacles, entourés d'é-
cailles serrées, sont presque toujours cou-

ronnées d'une aigrette souvent plumeuse,
qui, venant à s'épanouir et à se dilater,
leur sert de levier pour se soulever au dessus des écailles qui les presse, et d'ailes pour
se transporter à des distances considérables.
C'est ainsi que les graines du pissenlit, de
l'aster, de l'érigeron traversent des rivières
et des fleuves, s'élèvent sur les plus hautes
montagnes, et vont se semer loin de leur
lieu natal. Linnæus pense même que l'érigeron du Canada, jadis inconnu en Europe,
ne s'y est transporté que par le moyen de
l'aigrette dont sa graine est pourvue.

Les graines nautiques ne sont pas moins
nombreuses que les graines aériennes; elles
sont construites de manière à pouvoir voguer
pendant long-tems sans que leurs germes
soient altérés par l'eau. Les ruisseaux, les
torrens, les fleuves reçoivent les graines
des plantes de rivage, et les entraînent dans
leur cours; elles vont échouer sur des terres
étrangères, et même quelquefois portées
jusqu'à la mer, elles sont chassées par les
vents vers des îles lointaines ou vers un
autre continent; ainsi les gousses de casse,
les cocos, les noix d'acajou et les gousses
monstrueuses du *mimosa scandens* sont con-

duites par l'Océan, des côtes de l'Amérique
et de l'Asie, jusques sur les sables de la
Norvège; ainsi les doubles cocos des îles
Séchelles sont portés régulièrement chaque
année, par les courans, à quatre cents lieues
de leur terre natale, sur les côtes de Malabar. C'est par le cours de ces graines nautiques que les peuples sauvages découvrirent
autrefois les îles situées au vent des terres
qu'ils habitoient; c'est encore de pareils in-
dices qui apprirent à Christophe Colomb,
voguant vers le nouveau monde, qu'il
n'étoit pas loin de ce continent inconnu.

Les animaux ne sont pas moins nécessaires
à la dissémination des graines que les vents
et les eaux. La loxie à bec croisé et l'écu-
reuil, qui recherchent les graines de pin et
celles de sapin pour en faire leur nourriture, dispersent ces semences en frappant
les cônes contre les rochers pour en séparer
les écailles; les rats, les marmotes, les
hérissons, les loirs, les corbeaux ramassent,
dans la bonne saison, des fruits et des graines
qu'ils enfouissent dans la terre pour les tems
de disette; ils les transportent quelquefois
des plaines jusques sur le sommet des montagnes; et comme il arrive souvent que ces

provisions restent oubliées sous la terre, le printems les fait germer, et l'on voit tout à coup se développer certaines espèces de végétaux, là où l'on ne soupçonnoit guère qu'elles dussent croître. Quelques oiseaux avalent des baies dont ils digèrent la pulpe sans en altérer les graines; ils vont les semer dans des lieux très-éloignés et quelquefois au delà des mers. C'est par ce moyen que les graines du gui, dépourvues d'ailes et d'aigrettes propres à les soutenir dans les airs, sont transportées d'arbre en arbre et de forêt en forêt. On dit qu'un oiseau des Moluques repeuple ainsi de muscadiers les îles désertes de cet archipel, malgré toutes les précautions des hollandais pour détruire ces arbres dont le nombre porteroit préjudice à leur commerce; mais la grosseur du fruit du muscadier ne permet guère d'ajouter foi à ce récit. Les quadrupèdes granivores sèment aussi nombre de graines indigestibles. Il en est beaucoup qui sont pourvues d'épines, de crochets, d'hameçons, à l'aide desquels elles s'attachent aux vêtemens des hommes et aux poils des animaux; elles voyagent avec eux et sont portées à des distances plus ou moins grandes. En parcourant les Pyrénées,

F 3

j'ai souvent remarqué, sur la cime des montagnes, des végétaux étrangers à ces régions élevées; c'étoit la pariétaire, l'ortie, l'oseille et quelques autres plantes très-communes : leurs graines avoient été transportées de la plaine sur les montagnes par les pasteurs et les troupeaux; elles s'étoient développées autour des cabanes, et formoient des groupes dont la physionomie trahissoit l'origine étrangère, semblables à ces peuplades dont les migrations n'ont point altéré les traits primitifs. Quelquefois je trouvois ces plantes dans des lieux déserts où rien ne rappeloit le passage de l'homme; mais, en écartant leur tige et leurs feuilles touffues, je mettois toujours à découvert les ruines de quelques cabanes abandonnées. Ces végétaux expatriés étoient là comme des monumens pour rappeler le séjour des troupeaux (1).

----

(1) Le savant Ramond, que j'ai accompagné dans ses voyages sur les monts Pyrénées, est le premier qui ait remarqué ce fait; il a recueilli une multitude d'autres faits non moins curieux sur les lieux qu'habitent les plantes, sur leurs habitudes et leur association. Il est probable que ces observations intéressantes seront consignées dans la Flore des Pyrénées.

C'est par ces moyens que les graines, dé-
tachées des plantes qui leur ont donné la
vie, sont semées sur toute la terre. On ne
doit donc point s'étonner de retrouver dans
des pays très-éloignés les mêmes espèces de
végétaux; les rivières, les fleuves, les mers,
les hautes chaînes de montagnes ne sont point
des obstacles capables d'empêcher la migra-
tion des graines, et l'influence du climat peut
seule nuire au développement des plantes.
Ainsi, les terres, comprises sous un même
parallèle ou sous des parallèles très-voisins,
doivent, toutes choses étant égales d'ailleurs,
avoir un certain nombre de végétaux analogues ou semblables. Rien n'empêche que
les plantes de l'Amérique septentrionale ne
croissent dans les pays situés au nord de
l'ancien continent; que celles de la Sibérie,
de la Norvège, de la Laponie ne prospèrent
dans toutes les terres du nord de l'Amérique;
que les plantes de l'équateur n'appartiennent
à la fois à l'ancien et au nouveau monde; que
celles des terres australes n'habitent l'Asie,
l'Afrique, l'Amérique et les îles semées
dans la mer du Sud; mais les graines des
poles ne peuvent se développer sous la ligne,
et il n'est pas probable qu'elles traversent

les pays chauds, sans que leur vertu germi-
natrice ne s'altère. Ainsi, les plantes du nord
de l'Europe ne devront pas se retrouver en
Afrique, parce qu'il y a une différence trop
grande dans la température ; et celles du
Canada ne devront pas davantage habiter la
terre de Magellan, parce que leurs graines
voyageuses périssent sous l'équateur.

LIVRE CINQUIÈME.

Des maladies et de la mort des végétaux.

J'AI pris le végétal à sa naissance ; je l'ai suivi dans toutes les circonstances de sa vie, depuis la germination jusqu'à la dispersion des graines : il me reste à parler de sa mort.

Si la mort de vieillesse est rare chez les êtres doués de sentiment, c'est que la Nature ne put leur donner ce haut dégré de perfection, sans leur laisser en même tems une sorte de liberté individuelle qui, dans l'ordre des choses, devoit souvent tourner contre eux-mêmes. Pour que l'animal satisfît à ses besoins, il falloit qu'il ressentît les desirs, les passions, la douleur ; mais, comme les circonstances où il se trouve ne sont jamais les mêmes, la mesure de ces choses ne pouvoit être fixe et invariable, et la disproportion entre les besoins et les moyens d'y satisfaire devoit nécessairement amener les excès. De-là, les accidens de tous genres, les maladies qui ruinent et

détruisent les individus, et qui même quelquefois altèrent la vigueur des espèces, les
guerres qui font de ce monde un théâtre
perpétuel de destruction et de carnage.

Les plantes, plus passives que les animaux, paroissent, au premier coup d'œil,
moins exposées à l'influence des causes accidentelles, et il semble que la mort de vieillesse devroit être plus commune chez elles.
Cependant elles ont aussi des maladies qui
hâtent leur destruction, et elles n'ont aucun
moyen de fuir et d'éviter les dangers qui les
menacent. Trop ou trop peu de nourriture
leur est également nuisible. Placées dans un
sol aride et sec, souvent elles périssent d'ina-
nition ; placées dans une terre trop grasse
ou trop humide, elles sont exposées à périr
par une trop grande quantité de sucs. Une
chaleur excessive les dessèche par l'excès de
la transpiration ; les grandes pluies s'opposent, au contraire, à la sortie des fluides
surabondans, et déterminent la chûte des
feuilles. L'absence de l'air et de la lumière
nuit à la transpiration et aux sécrétions ; le
végétal périt, ou bien n'a qu'une végétation
foible et languissante. Les grands froids con-
gèlent les sucs, et occasionnent le déchire-
ment et la désorganisation du tissu. L'eau

des pluies séjournant dans le creux des arbres
fait tomber le bois en pourriture. La grêle
détruit les feuilles, et blesse les jeunes rameaux. Les brouillards et les coups de soleil
font périr subitement les végétaux les plus
vigoureux comme les plus foibles. Une sève,
due à des fluides pernicieux ou mal digérés,
fermente et cause des abcès, des ulcères et
une sorte de carie. L'extravasion des sucs
propres dans l'intérieur du végétal obstrue
les vaisseaux séveux, et déterminent les
mêmes accidens. Les blessures qui touchent
le liber font naître des loupes et des exos-
toses formées d'un bois noueux, dont les
tubes se contournent dans tous les sens.
Une sève trop forte produit une prodigieuse
quantité de feuilles, et l'arbre épuisé ne
donne ni fleurs ni fruits. Les pluies, qui
surviennent au tems de la fécondation, entraînent la poussière fécondante, et font
avorter les pistils, etc. etc. (1).

―――――――――――――――

(1) Je n'ai pas cru devoir donner des détails circons-
tantiés sur toutes les maladies des plantes. J'ai pensé
que, dans un ouvrage de physiologie végétale, il suf-
fisoit d'indiquer les causes principales qui tendent
à désorganiser ces êtres, et que les développemens
appartenoient plus particulièrement aux livres d'agriculture. Cependant, comme il seroit possible que

Les plantes ont aussi un grand nombre d'ennemis parmi les êtres organisés. Il n'en est aucune qui ne soit destinée à nourrir quelques parasites incommodes. Un grand nombre de champignons et de lichens s'attachent sur leurs feuilles, leurs rameaux, leurs tiges et leurs racines : ils les épuisent et les rongent insensiblement. D'autres plantes parasites, plus vigoureuses, causent des accidens plus prompts et plus apparens.

Une multitude d'insectes vivent aux dépens de certains végétaux. Les hannetons s'attachent de préférence aux érables, aux marronniers d'Inde, aux charmilles ; mais

---

quelques personnes desirassent des détails plus étendues, je vais leur indiquer les sources où elles doivent puiser ces lumières. Duhamel, dans sa *Physique des arbres* ; Adanson, dans ses *Familles naturelles* ; Senebier, dans l'*Encyclopédie méthodique* ; Rosier, dans son *Dictionnaire d'agriculture* ; Thouin, dans quelques Mémoires particuliers ; Tillet, Tessier, dans differens écrits, ont traité cette matière à fond. On ne sauroit trop recommander l'étude approfondie de tous ces ouvrages aux personnes qui se livrent à l'agriculture. Le *Traité sur les maladies des grains*, par Tessier, est un chef-d'œuvre d'observation. Le *Journal d'agriculture* du même auteur, est un recueil extrêmement précieux qui, sans doute, contribuera beaucoup à perfectionner la culture en France.

leurs larves, connues sous le nom de taons, se nourrissent indifféremment de toutes espèces de racines. Les cantharides dépouillent en peu de jours les frênes de toutes leurs feuilles. « Les ormes et les saules, sur lesquels la phalène, appelée *cossus*, a déposé ses œufs, dit Ventenat, sont, pour ainsi dire, dès cet instant voués à la mort. Les chenilles qui sortent de ces œufs vivent deux ans avant de se changer en papillon. Durant ce long espace de tems, elles rongent, avec leurs mandibules dures et cornées, tout le bois imparfait ; l'écorce se détache du tronc par grandes plaques, et l'arbre périt bientôt».

Lorsque l'hyver a fait périr les végétaux herbacés, les lièvres et les lapins, qui s'en étoient nourris dans la belle saison, creusent la terre aux pieds des arbres, et rongent l'écorce succulente des racines.

Enfin il est pour les plantes, comme pour tous les êtres vivans, un ennemi plus inévitable encore, c'est la vieillesse. Chaque individu est une machine qui s'use par le mouvement : et la mesure de tems, nécessaire pour altérer l'organisation et anéantir la puissance vitale, est à peu près égale pour tous les individus d'une même espèce. L'être organisé n'est pas deux instans parfaitement

semblable à lui-même : son existence est
une succession continuelle d'actes différens,
liés entre eux par des nuances insensibles.
Mais, lorsqu'on rapproche les extrêmes, lorsqu'on supprime les nuances intermédiaires
entre la naissance de l'être et sa fin, quel
contraste ! Voyez ce foible enfant, dont les
membres délicats se fortifient de jour en
jour, et ce vieillard débile, dont les membres usés deviennent de jour en jour plus
impuissans. L'un exerce ses forces naissantes,
et se plaît à surmonter les résistances ; l'autre
craint de compromettre ses forces expirantes:
le premier vit dans l'avenir, le second ne vit
plus que dans le passé ; tous deux sont foibles,
mais l'enfant parce qu'il sort du néant, et
le vieillard parce qu'il y va rentrer ; dans
l'un, de nouvelles facultés se développent
successivement, et la vie, de plus en plus
active, semble faire de nouvelles conquêtes ;
dans l'autre, les facultés s'éteignent, et la
vie se dissipe ; enfin, le premier sort de l'enfance, acquiert toute la vigueur de l'ado-
lescence, et devient homme, et l'autre perd
le peu de force qui lui restoit ; le froid et
l'immobilité de la mort succède à la chaleur
et aux mouvemens vitaux ; le sang glacé
s'arrête dans les veines ; les membres se

roidissent; la pâleur s'étend sur tout le corps, qui n'est plus qu'un cadavre insensible, et bientôt plus qu'un peu de poussière, où ne se montre aucune trace de l'ancienne organisation. L'enfance et la vieillesse de tous les êtres organisés, et par conséquent soumis à la mort, présentent un contraste non moins frappant.

La mesure de la vie est loin d'être, comme l'on sait, la même pour toutes les espèces. Il est des animaux qui vivent plusieurs siècles, et d'autres qui ne vivent que quelques instans. La même inégalité a lieu pour les plantes. Un grand nombre de champignons nés le matin périssent le soir, et le baobab végète plusieurs milliers d'années. Les baobabs qu'Adanson vit en 1749 aux îles de la Madeleine près du cap Verd, avec des inscriptions de noms hollandais et français, dont les unes datoient du quatorzième, et les autres du quinzième siècle, avoient six pieds de diamètre; et d'après la croissance connue de ces arbres, ils devoient avoir environ deux cent dix ans; d'où l'on peut conclure qu'un baobab de trente pieds de diamètre a environ cinq mille cent cinquante ans. Ces différences dans la longueur de la vie dépendent absolument de l'organisation.

Toutes les parties organiques sont susceptibles d'un certain dégré d'accroissement dont le terme est fixé par la nature même de l'être. La nutrition est le moyen employé pour conduire l'individu à la perfection, et par suite à la mort. Les cellules des végétaux, d'abord très-petites, se dilatent dans tous les sens ; leurs tubes croissent en longueur et se resserrent dans leur largeur. Les membranes dont sont formés les tubes et les cellules, pénétrées par les sucs nutritifs, se fortifient et se roidissent. L'accroissement du tissu membraneux ne permet pas de douter un moment que les membranes ne soient organisées, et l'on peut soupçonner, avec apparence de vérité, que, lorsqu'une partie d'un végétal ne prend plus d'extension, c'est que les vaisseaux imperceptibles, qui composent le tissu membraneux, sont obstrués et ne livrent plus passage aux molécules nutritives. On se tromperoit si l'on supposoit le siège de la nutrition dans les tubes et les cellules mêmes, et non dans leurs membranes ; car, s'il en étoit ainsi, il n'y auroit pas de raison pour que les herbes périssent à la fin de l'année, puisque leur tissu, observé au microscope, est alors presque aussi lâche qu'à l'époque où la plumule sort de terre ;

mais

mais ce qui est évident, c'est que leurs membranes sont plus fermes, plus sèches, moins transparentes dans leur vieillesse que dans les premiers tems de la vie : d'où l'on peut conclure que la nutrition a causé l'obstruction des vaisseaux imperceptibles dont la réunion compose les membranes. Une fois ces vaisseaux obstrués, il ne peut plus y avoir de croissance, le mouvement vital s'arrête, et la plante, devenue incapable d'opposer aucune force interne aux causes de destruction qui l'attaquent sans relâche, ne tarde pas à se décomposer.

Dans les plantes qui n'ont qu'une année à vivre, la mort de vieillesse a lieu communément aux approches de l'hyver, après que les fruits sont arrivés à leur dernier dégré de maturité. Les tiges et les branches se roidissent; les feuilles jaunissent, toutes les parties se dessèchent; l'humidité, le froid, la neige, les aquilons et mille autres causes accidentelles effacent quelquefois jusqu'au moindre vestige de ces plantes dont le tissu foible n'oppose aucune résistance.

Mais les grands arbres laissent après leur mort des traces plus durables de leur existence. Nous avons vu précédemment que la vie ne s'arrètoit dans les plantes ligneuses que

lorsque la couche annuelle cessoit de reproduire un nouveau cambium. La première
année de l'existence d'un arbre, cette substance organisatrice est produite en grande
abondance; il en est de même de la seconde,
de la troisième, de la quatrième, de la cinquième année, quelquefois de la centième,
de la millième...... Cependant cette puissance reproductrice est bornée; elle s'affoi-
blit lorsque l'arbre est parvenu à son plus
grand développement, et elle va en décrois-
sant jusqu'à ce qu'enfin elle s'arrête tout à
fait. La première couche formée cesse de
croître après un ou deux ans d'existence; il
en est de même de la seconde, de la troisième, de la centième, de la millième.
L'arbre est donc, comme je l'ai déjà dit,
formé d'une suite de végétaux placés les
uns sur les autres; ce n'est point un être
simple; c'est un être composé, et d'autant
plus remarquable, qu'il n'a réellement de
force et de puissance vitales qu'à la superficie, puisque toutes les parties internes sont
inertes et mortes. Mais la quantité de cambium produite chaque année n'est pas proportionnelle à l'accroissement des surfaces;
un jeune arbre sain et vigoureux en produit
plus, proportion gardée, qu'un arbre vieux

et qui touche à sa fin. Dans le premier, le tissu est lâche ; il se laisse pénétrer facilement par les fluides de la terre et de l'air, et peut-être même quelques parties qui n'ont plus assez de vie pour se développer, en conservent-elles encore assez pour digérer et modifier les élémens nutritifs. Dans le second, au contraire, le tissu est très-serré ; il ne reçoit qu'une petite quantité de fluide relativement à son énorme volume, et ne la digère qu'imparfaitement ; la surface étant alors beaucoup plus grande, la couche de cambium est beaucoup plus mince ; d'où il suit que les productions annuelles sont foibles et peu nombreuses, que les fluides absorbés ne suffisent plus pour nourrir le cambium, et que l'affoiblissement allant toujours en croissant, l'arbre périt enfin dans toutes ses parties.

La mort s'annonce de loin dans les grands arbres. Comme la vie chez les végétaux n'a pas de siège particulier, une partie peut végéter indépendamment des autres ; aussi voit-on successivement le principe de la vie s'éteindre dans les différentes parties. Cette année, telles branches ne porteront qu'un très-petit nombre de boutons foibles et privés de fleurs, et le ralentissement de la végé-

AVERTISSEMENT.

Beaucoup de personnes ne considèrent la nomenclature botanique que comme un assemblage de mots barbares, inutiles et même nuisibles aux progrès de la science. Ce reproche ne peut tomber, à ce qu'il me semble, que sur les adjectifs, car les substantifs sont indispensables. Toutes les fois qu'il s'agit de faire connoître un organe, il faut un mot pour le désigner. Cela ne peut être mis en doute.

Les adjectifs sont donc seuls l'objet de la critique, et elle n'est souvent que trop fondée. Il est certain qu'on a multiplié les mots sans fondement, et qu'on n'a pas craint de créer des épithètes bien propres à blesser l'oreille délicate des gens de goût. Mais ce reproche, poussé trop loin, devient injuste. Si le naturaliste, après de longues recherches, parvient à discerner dans les êtres de nouvelles modifications, des nuances qui n'avoient pas encore été aperçues et qui n'ont point de nom dans la langue vulgaire, il faut bien que pour les exprimer il se crée une langue technique. Sans cela, que de mots, que de périphrases pour rendre la nuance la plus légère, et qu'en résultera-t-il? une obscurité profonde dans les descriptions.

Mais je suis loin de penser cependant qu'il faille autant de mots nouveaux que l'on découvre de particularités dans les êtres. Un naturaliste n'est excusable de créer un mot que lorsqu'il s'agit de faire connoître un fait qui se représente très-souvent. Si le fait qu'il veut indiquer est isolé, ou très-rare, pourquoi craindroit-il d'employer une périphrase? Quelques mots de plus ne sont pas alors nuisibles, puisqu'ils définissent un fait qui, par cela même qu'il se représente rarement, est plus difficile à retenir. Mais les choses communes ont besoin de dénominations particulières, parce que l'emploi de périphrases semblables seroit fatigant, et que l'emploi de périphrases variées seroit souvent impossible et presque toujours nuisible. Si, par exemple, on veut exprimer que *des feuilles, n'étant pas attachées au même point sur la tige, s'appliquent l'une sur l'autre de manière à se recouvrir en partie;* au lieu d'écrire, avec tous les botanistes, que ces feuilles sont *imbriquées,* écrira-t-on qu'elles se recouvrent comme les tuiles d'un toit? Non sans doute, car un moment après, forcé d'exprimer la même idée, on se verroit dans la nécessité de répéter la même chose, ce qui seroit fatigant pour le lecteur, ou de varier sa périphrase, ce qui ne pourroit manquer de devenir ridicule à la troisième ou quatrième description. Après avoir dit que les feuilles sont comme les tuiles d'un toit, on diroit qu'elles sont comme les écailles d'un poisson, puis on substitueroit une définition obscure à une comparaison juste, plutôt que de répéter celle-ci; puis on finiroit par ne savoir que dire. Joignez à cela qu'il est impossible de varier le style sans altérer l'idée; d'où il suit qu'un mot technique dans ce cas, et dans tous les cas semblables, est bien préférable à une tournure française, quoi qu'en puisse penser les personnes qui, ne sachant pas l'histoire naturelle, sont nécessairement mauvais juges dans cette question. Buffon, disent-elles, n'a employé aucune expression technique : cela est vrai; mais Buffon écrivoit sur une partie de l'histoire naturelle qui ne nécessitoit pas cet usage de mots particuliers. Pour que la question fût résolue, il auroit fallu que ce grand écrivain donnât, aux naturalistes qui devoient venir après lui, un modèle sur la manière de décrire les insectes, les coquillages, les plantes, etc. Ajoutons encore que les personnes qui citent Buffon ne sont pas indulgentes. Nous opposer l'un des plus vastes génies qu'ait produits le siècle qui vient de finir, et dire que la comparaison n'est pas à notre avantage, c'est avancer ce que personne ne conteste, et ce que l'orgueil le plus effréné n'oseroit se dissimuler. Je doute cependant que Buffon lui-même eût tenté de décrire les plantes sans le secours d'une langue technique; mais je suis convaincu que cet illustre naturaliste n'eût employé qu'une langue riche, harmonieuse, pittoresque et digne en tout de la grandeur et de la beauté du sujet. C'est malheureusement ce qu'on n'a pas pu faire de nos jours, et ce qui ne s'exécutera sans doute que lorsque la Nature, toujours avare de grands hommes, reproduira enfin un de ces génies privilégiés qui s'élèvent au dessus de l'humanité qu'ils honorent.

Linnæus n'eut pas moins de génie que Buffon, mais il suivit, dans sa manière d'écrire, une route bien différente. Le naturaliste français se fait lire par tout le monde, et ne peut être imité par personne ; le naturaliste suédois n'est lu que d'un petit nombre de personnes livrées à l'étude de la Nature ; mais il peut être imité par tout le monde, sinon dans ses grandes vues, du moins dans son style bref, exact et précis. La langue technique qu'il créa en latin est devenue celle de tous les naturalistes ; mais, en avouant qu'il étoit très-commode pour des écrivains de notre nation de franciser sa nomenclature botanique, on conviendra qu'il devoit en résulter souvent des expressions peu harmonieuses et même barbares. Ces inconvéniens sont grands, mais il faut se plier à la nécessité, et ne pouvant créer une langue nouvelle, nous sommes obligés d'adopter celle qui est honorée des suffrages d'une multitude d'hommes distingués dans les sciences.

Je tâcherai cependant d'éloigner tous les mots techniques qui ne seroient pas indispensables, et d'adoucir, autant qu'il me sera possible, l'âpreté de la langue Linnéenne. Dans la nomenclature qui suit on verra que que j'ai souvent substitué des expressions françaises à d'autres qui ne l'étoient pas, et dans mes descriptions je ferai en sorte d'en rectifier un plus grand nombre encore.

AVERTISSEMENT.

Je ne donne point ici la nomenclature applicable aux plantes cryptogames de Linnæus; cela exigeroit des développemens qui seront mieux placés à la tête des différentes familles dans lesquelles sont rangées ces plantes.

VOCABULAIRE

MÉTHODIQUE

Des diverses parties extérieures des végétaux, et des modifications de ces parties, avec la définition de chacune d'elles.

I. DES ORGANES

Utiles au développement et à la conservation des individus.

PREMIERE SECTION.

DE LA GRAINE.

La graine, *semen*, est une partie essentielle du fruit, qui renferme, sous deux tégumens, l'embryon d'une nouvelle plante semblable à celle qui l'a produite. La graine est au végétal ce que l'œuf est à l'animal ovipare.

Formes extérieures.

Sphérique, globuleuse, ronde, *sphæricum*, *globulosum* ; le chou, la moutarde, le pois, etc.

Hémisphérique, *hemisphæricum*, qui n'est convexe que d'un côté ; le limeum.

Lenticulaire, *lenticulare*, en globe aplati fortement sur deux poles opposés ; la lentille.

En disque, *discoïdeum*, plate et ronde ; le dioscorea.

En rein ou réniforme, *reniforme*, en forme de rognon ; le haricot, le lupin.

Ovale, *ovatum* ; le gland, la noisette franche.

Demi-ovale, *semi-ovatum* ; la casse.

Turbiné, en cône renversé, *turbinatum*, en forme de poire, épaisse au sommet, puis s'amincissant insensiblement vers sa base ; les pépins de raisins.

En limaçon, *cochleatum*, tournée en spirale comme un limaçon ; la soude.

Oblongue, *oblongum*, ovale, alongé ; le blé.

Anguleuse, *angulosum*, lorsqu'il y a des faces planes et des angles saillans ; la rhubarbe.

Superficie ; la graine est....

Glabre, *glabrum*, sans duvet, ni poils, ni asperité ; le chou.

Lisse, *lævigatum*, *læve*, unie, polie ; l'amaranthe.

Striée, *striatum*, marquée de stries ou sillons parallèles très-légers ; quelques rhubarbes.

Sillonnée, *sulcatum* ; le lazer, l'argemone, la buglose.

Creusée de fossette, *alveolatum* ; la grenadille.

Ponctuée, *punctatum*, parsemée de points creux ou points saillans ; la morgeline, le solanum.

Tuberculée, *tuberculosum*, parsemée de tubercules ; le *ranunculus parviflorus*, la cynoglose, la ciguë.

Mamelonnée, *mammosum*, *papillosum*, couverte de mamelons ; le panicaut, le codon.

Chagrinée, ridée, *rugosum*, surface ayant des enfoncemens et des élévations alternatifs ; le dianthus inodorus.

Bordée, *marginatum*, ayant un rebord saillant ; l'ar-
tedia, le *spergula pentandra*.

APPENDICES ; la graine est. . . .

Aigrettée, *papposum*, couronnée d'une aigrette,
faisceau de poils qui surmonte la plupart des graines
des fleurs composées.

  L'aigrette est sessile, *pappus sessilis*, sans support
  particulier, mais placée immédiatement sur la
  graine ; l'épervière.

  Pédicellée, *stipitatus*, placée sur un support particulier ; le pissenlit.

  Simple, *simplex*, composée de poils non divisée ;
  la laitue.

  Plumeuse, *plumosus*, garnie de poils rameux imi-
  tant les barbes d'une plume ; la scorsonère.

  Paléacée, *paleaceus*, composée de petites lames en
  paillettes ; le bident, le soleil.

  Capillaire, *pilosus*, formée de poils semblables à des
  cheveux ; l'andryala.

  Soyeuse, *setosus*, formée de poils semblable à des
  soies ; le chrysocome.

  Laineuse, *lanatus, tomentosus ;* la cinéraire glauque.

  En pinceau, *penicilliformi ;* le chardon.

  Dentelée, *echinatus, dentatus ;* la piloselle.

Chevelue, *semen comatum*, garnie ou couronnée
d'un faisceau de poils en forme de chevelure ; l'épilobe, l'apocin.

Portant une queue, *caudatum*, ayant un appendice
alongé et velu ou plumeux dans toute sa longueur ;
la clématite, l'anémone pulsatile.

  Nota. On doit observer que la chevelure,

qui ressemble beaucoup à l'aigrette et peut être confondue avec elle, est un prolongement du testa, tandis que l'aigrette et la queue sont des prolongemens du péricarpe.

TESTA.

Le testa, *testa*, est le tégument extérieur de la graine ; il n'a qu'une seule ouverture correspondant au cordon ombilical. On peut le comparer à l'enveloppe crustacée de l'œuf des oiseaux.

Cavité.

Uniloculaire, *unilocularis*, à une loge ; prasque toutes les graines.

Biloculaire, *bilocularis*, à deux loges ; le savonier.

Consistance ; le testa est....

Membraneux, *membranacea*, formé d'une pellicule mince et molle ; le riz, le maïs, la noisette.

Coriace, *coriacea*, flexible, dur, difficile à déchirer, semblable à du cuir ; la jusquiame.

Spongieux, *spongiosa*, d'une substance lâche et compressible, semblable à de l'éponge ; la tulipe, l'iris.

Fongueux, *fungosa*, d'une substance semblable à celle du champignon.

Subereux, *suberosa*, comme du liège. Spongieux, fongueux, subereux, sont presque synonymes.

Crustacé, *crustacea*, comme une croûte ou coquille ; l'ancolie.

Osseux ou pierreux, *ossea*, *lapidosa* ; le triosteum.

Adhérence ;

Adhérence ; le testa est.......

Non adhérent, *inadherens*, n'adhérant pas à la partie interne de la graine ; le haricot.

Adhérent, *adherens ;* beaucoup de monocotyledones.

MEMBRANE INTERNE.

La membrane interne, *integumentum proprium*, est un tégument recouvrant la graine immédiatement, n'ayant aucune ouverture apparente et servant de point d'attache au cordon ombilical ; elle ressemble à la fine pellicule que l'on trouve sous l'enveloppe crustacée de l'œuf des oiseaux.

Simple, *simplex*, n'offrant qu'une membrane très-simple qui recouvre le superficie ; la plupart des graines.

Appendiculée, *appendiculatum*, jetant dans la graine des appendices particuliers qui divisent l'albumen ; le muscadier.

OMBILIC EXTERNE.

L'ombilic externe, ou hile, *hilum*, est le point d'attache du cordon ombilical sur lagraine ; il paroît à la superficie du testa comme une petite cicatrice comparable en quelque sorte au nombril des quadrupèdes.

Forme.

Plane, *planum*, ni convexe, ni concave, plat.

Oblong, *oblongum* ; le haricot.

En cœur, *cordatum* ; l'areca.

Linéaire, *lineare*, long, très-étroit, également large dans tous ses points ; la fraxinelle.

Bifurqué, *bifurcatum*, qui fait la fourche ; le dracocephalum, les brunelles.

Concave, *concavum*, en fossette; la commeline, l'ellébore.

Convexe, protubérant, *convexum*, *protuberans* ; le mélampyre, l'euphorbe, les palmiers.

Nota. Il faut observer les dimensions de l'ombilic relativement à la graine; et l'arille qui est une dilatation du cordon ombilical.

C H A L A Z A.

Le chalaza, ou ombilic interne, *chalaza*, est un petit tubercule formé sur la membrane intérieure par la Réunion des vaisseaux du cordon ombilical.

Situat on ; le chalaza est.....

Contigu, *contigua*, contigu à l'ombilic externe; le maïs.

Opposé, *opposita*, opposé à l'ombilic externe ; le citronnier, le pied de lion.

A L B U M E N.

L'albumen, ou perisperme, *albumen*, *perispermum*, est une substance sèche souvent farineuse, accompagnant l'embryon, et cachée comme lui sous les tégumens de la graine. On le compare au blanc de l'œuf.

Situation ; l'albumen est....

Intérieur, *internum*, dans la substance même des cotyledons ; le haricot, le pêcher.

Extérieur, *externum*, hors des cotyledons ; la belle de nuit, presque toutes les monocotyledones.

Couvrant, *tegens*, couvrant l'embryon; les palmiers.

Opposé, unilatéral, *unilaterale*, l'embryon est d'un côté, le périsperme de l'autre ; l'œillet, les gra-minées.

Entouré, *cinctum*, entouré par l'embryon ; la cus-cute, la morgeline ou mouron blanc.

Forme.

Partagé, *partitum ;* divisé, *divisum ;* lobé, *lobatum ;* sillonné, *sulcatum ;* fendu, *fissum ;* partagé plus ou moins profondément en deux ou plusieurs lobes. Divisé en deux; la rhubarbe. Fendu sur les côtés ; la casse fistuleuse. Lobé, à trois lobes ; le raisinier. Sillonné ; le dattier.

Marqué, *signatum*, *notatum*, marqué de diverses impressions à sa surface; le cocotier, le corossol, le muscadier.

Creux, *cavum ;* le cocotier.

Consistance et *substance.*

Farineux, *farinosum*, la belle de nuit. Farineux, dur et transparent ; le riz. Farineux, sec et opaque ; le blé.

Corné, *corneum*, semblable à de la corne, soit pour la consistance, soit pour la couleur ; le café.

Cartilagineux, *cartilagineum*, d'une substance dure, sèche et un peu flexible; la plupart des palmiers.

Charnu, *carnosum*, épais, ferme et succulent; le cocotier.

Oléagineux, *oleagineum*, huileux, gras; les euphorbes.

Coriace, *coriaceum*; le mangoustan.

EMBRYON.

L'embryon, *embryo*, *plantula*, est la plante dans la graine; il comprend la plumule, la radicule et les cotyledons. On peut le comparer au fœtus dans l'œuf.

Situation; l'embryon est.....

Tourné vers l'ombilic, *spectans ad umbilicum*, si la pointe de la radicule y aboutit; les composées.

Opposé à l'ombilic, *oppositus umbilico*, si la pointe de la radicule se dirige vers un point opposé; le colchique.

Transversal, *transversalis*, en travers, si l'embryon présente le côté à l'ombilic; le plantain.

Eloigné de l'ombilic, *remotus umbilico;* le dattier.

Central, *centralis*, s'il remplit la cavité entière du tégument; haricot; ou s'il occupe le milieu de l'albumen, l'anagallis arvensis, ou mouron rouge.

Excentrique, *excentricus*, intérieur, mais éloigné du centre; le dattier, le café.

Extérieur, *periphericus*, s'il touche à la surface interne du tégument; le blé, la morgeline, la cuscute.

Forme.

En clepsidre, *trochlearis*, en forme d'horloge de sable ;
   la commeline, l'éphémère.
En pyramide, *pyramidalis*; l'areca, le sagou, le lontar.
En champignon, *fungiformis*; le bananier, le carex.
En coupe, *patellæformis*; la flagellaire.
Droit, *rectus*, si l'axe de l'embryon est une ligne droite,
   quelle que soit la forme des cotyledons; le noyer.
Courbé, *curvus*, si l'axe de l'embryon est courbé, de
   quelque manière que ce soit; quelques espèces d'ail,
   l'asperge, la sagittaire, la jusquiame, les crucifères,
   le houblon, la persicaire.

PLUMULE.

La plumule, *plumula*, est la tige dans la
graine; elle présente ordinairement un faisceau de petites feuilles pliées les unes sur les
autres.

Cachée, plongée dans la radicule, *abscondita*, pas
   assez développée pour être apparente. La plupart des monocotyledones, beaucoup de dicotyledones.

Visible, saillante, *visibilis*, *prominens*; beaucoup de
   dicotyledones.

RADICULE.

La radicule, *radicula*, est la racine dans
la graine ; elle a ordinairement la forme
d'un petit cône renversé.

H 3

Situation.

Supérieure, *supera*, si la pointe se dirige vers le
sommet du fruit ; les ombellifères, les borraginées,
le chanvre, le noyer.

Inférieure, *infera*, si la pointe se dirige vers la base
du fruit ; les composées, les labiées, les rubiacées.

Forme.

Conique, *conica*, la plupart des cucurbitacées ; les
labiées.

Cylindrique, *cylindrica*, le plus grand nombre de
plantes.

En massue, *clavata*, renflée vers son extrémité ; le
rhizophora.

En œuf, ovoïde, *ovata* ; le groseiller.

COTYLEDONS.

Les cotyledons, *lobes seminali*, *cotyledones*, sont les premières feuilles développées
sur la plante enfermée dans la graine ; ils
partent du collet, point d'union de la radicule
et de la plumule ; il y a des graines monocotyledones, *semina monocotyledonea*, c'est-à-
dire, à un cotyledon ; il y en a qui sont dicotyledones, *semina dicotyledonea*, c'est-à-dire,
à deux cotyledons ; il y en a qui sont poly-
cotyledones, *semina polycotyledonea*, c'est-
à-dire, à plusieurs cotyledons. Ce dernier
cas est très-rare.

Situation ; lorsqu'il y a plusieurs cotyledons , ils sont :

Contigus , *contigui ,* deux cotyledons appliqués face contre face ; la plupart des plantes.

Collatéraux , *collaterales ,* deux cotyledons ne se touchant que par le côté ; le guy, le menispermum cocculus.

Divergens , *divergentes ,* deux cotyledons joints par la base , écartés au sommet ; le muscadier.

Verticillés , *verticillati ,* plusieurs cotyledons partant du même point et disposés en couronne; les pins.

Divisions plus ou moins profondes et formes.

Dentelés ou dentés, *dentati ,* le bord est découpé en dents aiguës , semblables à celles d'une scie ; le tilleul.

Partagés , *partiti ,* lorsqu'ils sont divisés en parties plus ou moins profondes; le chou, le radis , le crambé , le lepidium canariense.

Pennatifides , *pinnatifidi ,* découpés comme une feuille pennatifide. (Voyez ce mot à l'article *feuille*); le geranium musqué.

Lobés , *lobati ,* divisés en portions arrondies à leur sommet ; l'hermandia.

Percés de plusieurs trous, *fenestrati;* le menispermum fenestratum.

Droits, *recti ,* la plupart des plantes.

En carène , *carinati ,* les côtés sont planes et relevés; le milieu est creusé longitudinalement sur une face et relevé d'une côte saillante de l'autre comme la carène d'un navire; le troëne.

H 4

Plissés, *plicati*, ayant à leurs bords des plis assez réguliers ; le quamoclit.

Creusés, *concavi* ; muscadier, aromatique, corète potagère.

Courbés en rein, *reniformes*, quelques légumineuses et crucifères.

Roulés, *convoluti*, en sphère ; le chou, le radis. Roulé en cylindre, le boherravia, le pisonia. Roulé en volute autour de la plumule et de la radicule, le grenadier, l'ayena. Roulé en gaine, l'un renfermant l'autre, le rivinia, le sonneratia ou pagapate.

Contournés, *contortuplicati*, contournés en tête de chien ; la mauve, la guimauve, la lavatère ; contournés en chrysalide, le liseron, le cotonier.

Couleurs ; les cotyledons sont.....

Blancs, d'un blanc de lait, *albi, lactei, nivei* ; la plupart des plantes.

Jaunes, jaunâtres, *lutei* ; les crucifères à siliques, les légumineuses dans les graines mûres.

Gris livide, plombés, *plumbei*, très-rares; le laitron, la scorsonère.

Purpurins, *purpurei* ; le bident, le zinnia dans les graines fraîches.

DEUXIEME SECTION.
Des bulbes et des boutons.
BULBES.

Le bulbe, ou oignon proprement dit, *bulbus*, est un corps charnu arrondi ou ovale qui naît ordinairement sur le collet de la racine, et quelquefois dans l'aisselle des feuilles, et dans les fleurs. Le bulbe contient l'embryon d'une nouvelle plante; il est couvert par les feuilles de l'année précédente.

Situation.

Radical, *radicalis*, naissant sur la racine; la jacinthe.

Axillaire, *axillaris*, naissant sur la tige dans l'aisselle des feuilles; les bulbifères.

Floral, *floralis*, naissant dans la fleur même; plusieurs espèces d'aulx.

Solide, *solidus*, homogène dans son intérieur, et sans couches distinctes; le safran.

Tuniqué, *tunicatus*, formé de lames appliquées circulairement les unes sur les autres; l'oignon commun.

Ecailleux, *squamosus*, formé de lames épaisses disposées en écailles; le lis.

Prolifère, *prolifer*, bulbe radical produisant de sa base ou de ses côtés d'autres petits bulbes ou cayeux; le safran, le colchique.

BOUTON.

Le bouton, *gemma*, est un petit corps ovale ou conique, composé d'écailles ou de feuilles, se recouvrant mutuellement et contenant les branches et les fleurs avant leur développement. Le bouton naît sur les tiges et les branches de la plupart des arbres et des arbrisseaux qui perdent leurs feuilles en hyver.

Situation.

Caulinaire, *caulinaris*, sur la tige.

Axillaire, *axillaris*, sur la tige dans l'aisselle des feuilles ou des branches.

Terminal, *terminalis*, à l'extrémité des tiges et des rameaux.

Disposition.

Nota. La même que dans les feuilles.

Forme.

Aucune expression qui ne soit connue.

Globuleux, en œuf, oblong, cylindrique, etc.

Couverture.

Nu, *nuda*, dépourvu d'écailles.

Ecailleux, *squamosa*, garni d'écailles.

ECAILLES.

Nombre. Déterminées, indéterminées, etc.

Disposition. Imbriquées, lâches, serrées, etc.

Forme. Arrondies, ovales, convexes, etc.

Consistance. Membraneuses, scarieuses, etc.

Surface. Lisses, glabres, pubescentes, etc.

Nature.

A feuilles, *foliifera*, contenant seulement des feuilles repliées de différentes manières; le noyer, le marronnier d'Inde.

A fleurs, *florifera*, contenant seulement des fleurs enveloppées d'écailles; le poirier, le pommier.

Mixtes, *mixta*, contenant des fleurs et des feuilles; beaucoup d'arbres.

Nota. Lorsque le bouton naît sur les racines vivaces, il prend le nom de *turion*. L'asperge, la pomme de terre.

TROISIÈME SECTION.

RACINES.

La racine, *radix*, est un organe situé à l'extrémité inférieure de la plante, s'enfonçant ordinairement dans la terre, et y pompant les fluides necessaires à la nutrition et à l'accroissement du végétal.

Durée.

Annuelle, *annua*, qui naît et meurt dans la même année; le pois, le haricot.

Bisannuelle, *biennis*, vivant deux ans; le salsifis.

Vivace, *perennis*, lorsque la tige périt dans l'année et que la racine, se conservant dans la terre, reproduit plusieurs années de suite une nouvelle tige; l'oseille.

Ligneuse, *lignosa*, d'une consistance de bois, et telle qu'elle peut résister un nombre d'années plus ou moins considérable, de même que la tige qu'elle porte; les arbres et les arbrisseaux.

Direction.

Pivotante, *perpendicularis*, descendant perpendiculairement dans la terre; la carotte.

Oblique, *obliqua*, l'iris germanique, etc.

Horisontale, *horizontalis*, pour qu'on la dise telle, la direction ne suffit pas, il faut encore qu'elle ne pousse point de rejets; la plupart des iris.

Rampante, *repens*, traçante, qui rampe et produit çà et là des rejets; le sumac, le lilas.

Division.

Simple, *simplex*, sans division; la carotte.

Rameuse, *ramosa*, se divisant en branches et en rameaux comme la cime des arbres; les arbres, les arbrisseaux, etc.

Fasciculée, *fasciculata*, en botte, en faisceau, à divisions réunies comme une botte; le lis asphodelle, etc.

Chevelue, fibreuse, *capillaris*, *fibrosa*, divisée en une multitude de fibres; le fraisier, les graminées.

Forme.

Fusiforme, *fusiformis*, en forme de fuseau; la carotte, la rave.

Palmée, *palmata*, en forme de main ouverte; l'orchis taché.

Tubéreuse, *tuberosa*, en masse épaisse et charnue; la pomme de terre.

Scrotiforme, *scrotiformis*, composée de deux tubercules réunis et plus ou moins arrondis; l'orchis militaire, etc.

Grenue, granulée, grumeleuse, *granulata*, *grumosa*, en forme de petits grains agglomérés; la saxifrage granulée, l'ophris nid d'oiseau.

En chapelet, *moniliformis*, en forme de grains écartés qui se tiennent par des fibres; la filipendule.

Tronquée, *truncata*, comme rongée, coupée ou mor-
due à son extrémité ; la scabieuse succise ou mors
du diable.

Articulée, *articulata*, ayant de distance en distance
comme des nœuds ou articulations ; le sceau de
Salomon.

Contournée, flexueuse, *contorta*, *flexuosa*, formant
des courbes assez régulières ; la bistorte.

Tortueuse, *tortuosa*, formant des courbes irrégulières.

En borne : s'élevant de la terre comme une borne ; le
cyprès distique.

Appendice.

Ecailleuse, *squamosa*, couverte d'écailles ; la clandestine.

Dentée, *dentata*, garnie d'appendices en forme de
dents ; la dentaire.

Bulbeuse, *bulbosa*, portant un bulbe ou un oignon à
son sommet ; la jacinthe, la tulipe.

QUATRIEME SECTION.

TIGES.

La tige, *caulis*, est une partie continue
avec la racine ; elle croît toujours en sens
opposé ; elle s'élève à la surface de la terre, et
porte les branches, les rameaux, les feuilles,
les fleurs et les fruits.

Il y a cinq espèces de tiges :

1°. Le tronc, *truncus*. C'est la tige épaisse,
élevée, branchue, ligneuse des grands arbres ;
le chêne.

2°. Le stipe ou colonne, *stipes*. C'est une tige cylindrique, non divisée, couronnée de feuilles à son sommet, et formée par la base des pétioles, rapprochée en un seul faisceau; le palmier.

3°. La tige proprement dite, *caulis*. Elle diffère du tronc en ce qu'elle est plus grèle, plus foible, communément moins élevée, et tantôt ligneuse, tantôt herbacée; les arbrisseaux et les herbes.

4°. Le chaume, *culmus*. Tige grèle, creuse ou remplie de moëlle, ayant de distance en distance des nœuds solides et portant des feuilles engaînantes; le blé, la canne à sucre.

5°. La hampe, *scapus*. C'est à la fois une tige et un pédoncule; elle part de la racine et porte les fleurs à son sommet; elle est dépourvue de feuilles dans sa longueur; le pissenlit.

Nature et durée de la tige.

Herbacée, annuelle, *herbaceus*, *annualis*, tige qui a la consistance molle et foible de l'herbe : elle ne produit point de bois, et ne vit ordinairement qu'une année; elle appartient à la troisième, à la quatrième et à la cinquième espèce.

Ligneuse, *lignosus*, tige qui, vivant plusieurs années, produit du bois; elle appartient à la première, seconde, troisième et quatrième espèce de tiges; le chêne, le palmier, le lilas, le bambou.

Arborescente, *arborescens*, *arboreus*, c'est à proprement parler le tronc. Cette tige, toujours ligneuse, n'a ordinairement pas de branche à sa partie inférieure ; elle porte des boutons ; les arbres.

Frutescente, *fruticosus* ; cette tige appartient aux tiges de la troisième espèce ; elle est toujours ligneuse ; elle est moins épaisse que la précédente, et jette des branches à sa partie inférieure ; elle porte aussi des boutons ; les arbrisseaux.

Suffrutescente, *suffruticosus*, elle appartient à la troisième espèce de tiges ; elle est ligneuse, mais grèle, foible, et ne porte pas de boutons ; les arbustes ou sous-arbrisseaux.

Consistance.

Succulente, *succulentus*, pleine de suc ; le *mesambryanthemum*.

Charnue, *carnosus*, ferme et succulente à la fois.

Spongieuse, *spongiosus*, remplie de moëlle.

Creuse, *cavus*, vuide intérieurement ; le froment, l'oignon.

Roide, *rigidus*.

Foible, débile, *debilis*.

Fragile, *fragilis*.

Flexible, *flexibilis*.

Forme générale, force et grosseur.

Cylindrique, *teres*, *cylindricus* ; le palmier.

Comprimée, *compressus*, aplatie sur les côtés sans former d'angle tranchant ; le paturin comprimé.

En glaive, *anceps*, à double tranchant ; l'ail penché.

Anguleuse, *angulosus*, qui a plus de deux angles; l'airelle.

Trigone, triangulaire, *trigonus*, *triangularis*; le carex acuta.

Tétragone, quadrangulaire, *tetragonus*, *quadrangularis*; la sauge et autres labiées.

Canelée, *canaliculatus*; le cierge du Pérou.

Ailée, *alatus*, garnie de prolongemens membraneux ou foliacés; la gesse à larges feuilles.

Noueuse, *nodosus*, renflée par des nœuds de distance en distance; le blé et autres graminées.

Articulée, *articulatus*, comme formée de parties jointes par des nœuds; l'œillet, les graminées.

Efilée, *virgatus*, grèle, droite et verticale; les jeunes pousses du noisetier.

Composition.

Simple, *simplex*, non divisée; le lis, la couronne impériale.

Rameuse, *ramosus*, divisée en rameaux nombreux; le jasmin, le lilas.

Branchue, *ramosissimus*, divisée en branches nombreuses.

Dichotôme, *dichotomus*, divisée et subdivisée par bifurcations; la mâche.

Trichotôme, *trichotomus*, divisée en trois parties lesquelles sont divisées en trois autres.

Sans nœuds, *enodis*, sans articulations ni nœuds.

Direction.

Rampante, *repens*, flexueuse et couchée sur la terre; le lierre terrestre.

Stolonifère.

Stolonifère, traçante, *stoloniferus, reptans*, qui produit des rejets ou stolons portant des racines, des feuilles, etc. ; le fraisier.

Verticale, *verticalis* ; le dattier.

Oblique, *obliquus* ; la verge d'or du Mexique.

Couchée, *prostratus*, étendue sur la terre ; la véronique officinale.

Tombante, *procumbens*, débile, ne pouvant se soutenir, retombant sur la terre ; la mâne de Prusse.

En arc, arquée, courbée, *arcuatus, curvatus*; la verge d'or du Canada.

Redressée, *assurgens*, décrivant d'abord une courbe, puis s'élevant verticalement ; le ciste.

Droite ; *rectus*, prolongée sans déviation marquée. Ce mot est pris dans l'acception que lui donnent les géomètres : il ne faut pas le confondre avec verticale ; le salsifis des prés.

Geniculée, *geniculatus*, articulée et fléchie en genou ; quelques graminées, le poivre.

En zig-zag, flexueuse, *flexuosus*, formant des courbures dans un même plan ; le solidago flexuosa.

Tortueuse, *tortuosus*, formant des courbures en différens plans ; le paliurus.

Sarmenteuse, *sarmentosus*, ligneuse, souple, grimpante ou rampante ; la vigne, la clématite.

Grimpante, *scandens*, la viorne, le lierre.

Tournant en spirale, *volubilis*. De droite à gauche, *dextrorsùm* ; le houblon. De gauche à droite, *sinistrorsùm* ; le haricot.

Pendante, *pendulus*.

Penchée, *cernuus, nutans*.

Couverture.

Nue, *nudus*, sans feuilles, poils, écailles, etc.; la
tulipe.

Sans feuilles, *aphyllus*; la cuscute, la salicorne.

Feuillée, *foliatus*, garnie de feuilles.

Ecailleuse, *squamosus*, garnie d'écailles; l'orobanche.

Engaînée, *vaginatus*, recouverte par les gaînes que
forment quelquefois les feuilles; les graminées.

Surface.

Lisse, unie, *lœvis*; le pavot.

Glabre, *glaber*, sans duvet, sans barbe, poils ou coton;
la capucine.

Fendillée, *rimosus*; les vieux arbres.

Raboteuse, *scaber*; le fusain galeux.

Striée, *striatus*, marquée de stries, de sillons parallèles très-peu profonds; la carotte, l'armoise.

Sillonnée, *sulcatus*, marquée de sillons très-apparens,
mais moins profonds cependant que dans les tiges
cannelées; la bette des jardins.

Pubescente, *pubescens*, couverte d'un léger duvet;
le fraisier.

Pulvérulente, *pulverulentus*, couverte de poussière
ou d'un duvet qui y ressemble.

Velue, *pilosus*; l'anémone pulsatile.

Laineuse, lanugineuse, *lanatus*; les poils sont semblables à de la laine.

Cotoneuse, *gossypiosus*; le gnaphalium.

Drapée, *tomentosus*, les poils forment une couverture
semblable à du drap; le bouillon blanc.

Soyeuse, *sericeus*, les poils sont mous, serrés, cou-
chés, luisans comme de la soie; l'argentine.

Epineuse , *spinosus* ; le prunier sauvage.

Pourvue d'aiguillons , *aculeatus* ; le rosier.

Rude , *asper, scaber* , par des aspérités , des poils , des crevasses , etc. ; la rapette , la viperine.

Tenace , *tenax* , par des sucs visqueux ou par des poils crochus.

Visqueuse , *viscosus*.

Couverte de verrues, de tubercules , etc. , *verrucosus, muricatus*.

Couleur.

Colorée , *coloratus* , d'une autre couleur que le verd.

Panachée , *variegatus* , marquée de diverses couleurs.

Glauque , *glaucus* , verd de mer.

Blanchâtre , *albidus* , etc.

Tachetée , *maculosus* , de blanc , de jaune , etc.

Ponctuée , *punctatus* , etc.

SES MOYENS DE REPRODUCTION.

Stolonifère , *stoloniferus* , jetant de leurs racines traçantes de petites tiges , qui s'enracinent et reproduisent la plante; le fraisier.

Bulbifère , *bulbiferus* , portant des bulbes ou tubercules charnus qui reproduisent la plante ; les plantes à oignons.

Vivipare , *viviparus* , portant de petits rejetons garnis de feuilles , qui se développent en terre comme les graines ; l'ail.

SOUTIENS.

Avec ou sans vrilles , mains , etc.

Avec ou sans griffes , etc.

CINQUIEME SECTION.

BRANCHES OU RAMEAUX.

Les branches ou les rameaux, *rami*, sont des divisions de la tige, qui n'en diffèrent que parce qu'elles sont plus foibles, et qu'elles ont leurs racines dans le végétal lui-même, au lieu de les avoir enfoncées dans la terre.

Les rameaux sont:

Alternes, *alterni*, naissans solitaires sur divers points de la tige à des distances à peu près égales; le pommier.

Distiques, *distichi*, rangés sur deux côtés opposés de la tige, et cependant n'étant pas opposés entre eux.

Epars, *sparsi*, sans aucun ordre déterminé.

Entassés, *conferti*, si nombreux qu'ils couvrent et cachent la tige et les branches.

Opposés, *oppositi*, vis-à-vis l'un de l'autre à la même hauteur; le café, le frêne.

Verticillés, *verticillati*, rangés en anneau autour de la tige; le protea argentea.

Redressés, *erecti*, presque verticaux; le peuplier.

Rapprochés, *coarctati*, rapprochés contre la tige.

Ouverts, *patentes*, formant un angle assez ouvert eu égard à la tige.

Ecartés, divergens, *divaricati*, *divergentes*, s'écartant de la tige à angles droits.

Courbés, *deflexi*, arqués vers la terre ou recourbés.

Pendans, *reflexi*, qui pendent perpendiculairement vers la terre; le saule pleureur.

Tortus, *retroflexi*, fléchis en tout sens.

Appuyés, *fulcrati*, recourbés vers la racine ; le figuier.

Nota. Voyez pour les autres épithètes ce qui est dit à l'article des tiges.

SIXIEME SECTION.

DES FEUILLES ET DES STIPULES.

Les feuilles, *folia*, sont des productions minces, ordinairement aplaties, de forme très – variée dans les différentes espèces, vertes en général, garnissant les tiges et les ramifications des plantes, et ne paroissant être que des prolongemens de l'écorce.

Les feuilles sont des espèces de racines aériennes, puisqu'elles servent à puiser dans l'air les fluides nécessaires à l'accroissement du végétal ; elles sont aussi des espèces de poumons comparables aux branchies des poissons, puisque c'est dans leurs vaisseaux que se combine l'air avec la sève, et que se produisent les liqueurs particulières qui semblent avoir quelques rapports avec le sang des animaux. Elles sont :

Séminales, *folia seminalia*, cotyledons développés ; le haricot.

Primordiales, *primordialia*, feuilles venant immédiatement après les cotyledons ; le haricot.

I 3

Radicales, *radicalia*, naissant de la racine ; la primevère.

Caulinaires, *caulinaria*, naissant sur la tige.

Axillaires, *axillaria*, naissant dans l'angle formé par la réunion d'une branche avec la tige, ou d'un pétiole avec un rameau.

Sous-axillaires, *subaxillaria*, naissant sous l'angle, etc.

Florales, *floralia*, sur le support des fleurs ou dans leur voisinage, (voyez *bractées*.)

Arrangement des feuilles dans le bouton et le bourgeon.

Roulées en dehors, *revoluta*, ayant les deux bords de leur disque roulés en dehors ; la persicaire.

Roulées en dedans, *involuta*, ayant les deux bords de leur disque roulés en dedans ; le poirier.

Roulées sur elles-mêmes, *convoluta*, roulées dans la largeur sur elles-mêmes, de manière à former un cylindre ; l'abricotier.

Roulées en crosse ou en volute, *circinalia*, roulées sur elles-mêmes du sommet à la base ; les fougères et quelques palmiers.

Pliées moitié sur moitié, *conduplicata*, pliées de manière que leurs bords sont rapprochés parallèlement ; le syringa.

Pliées de haut en bas, *reclinata*, pliées dans leur longueur, de manière que le sommet vient joindre la base ; l'adoxa, l'aconit.

Plissées, *plicata*, plissées dans leur largeur à peu près comme une manchette ou un éventail ; le groseiller, le bouleau, la vigne.

Embrassées, *equitantia*, enchâssées de manière qu'une

feuille pliée engaîne entièrement, l'autre qui lui est opposée, et successivement; l'iris.

En regard, *imbricata*, pliées moitié sur moitié et appliquées en recouvrement les unes sur les autres; le lilas, le troëne.

Attache immédiate.

Sessiles, *sessilia*, lorsque la lame des feuilles est placée immédiatement sur la tige, les branches, etc., et que par conséquent les feuilles sont sans pétiole; la saponaire, etc.

Demi-embrassantes, *semi-amplexicaulia*, embrassant la tige imparfaitement; quelques buplèvres.

Embrassantes, *amplexicaulia;* plusieurs espèces de choux.

Engaînantes, *vaginantia*, formant des gaînes autour de la tige; les graminées.

Perfoliées, *perfoliata*, traversées par la tige; le buplèvre, le percefeuille, le chèvrefeuille des jardins.

Conjointes, cohérentes, *connata*, opposées l'une à l'autre sur la tige, et réunies par la base; le chèvrefeuille des jardins.

Décurrentes, *decurrentia*, lorsque la base des feuilles se prolonge en aile sur la tige; le bluet, l'onopordum acanthium.

Disposition des feuilles relativement au végétal, à la terre ou à l'eau.

Eparses, *sparsa*, disposées sans ordre; le lis.

Alternes, *alterna*, celles qui naissent de distance en distance sur la tige, et sont disposées alternativement, ou en manière de spire; le tilleul, les malvacées.

Unilatérales, *secunda*, toutes rangées d'un seul côté ; le convallaria multiflora.

Distiques, *disticha*, disposées de deux côtés opposés sans être opposées entre elles ; l'if.

Opposées, *opposita*, placées vis-à-vis l'une de l'autre ; l'épurge.

Verticillées, rayonnantes, *verticillata*, *stellata*, partant plusieurs à la même hauteur autour de la tige, et formant comme les rayons d'un centre commun ; le galiet, beaucoup de rubiacées.

Geminées, jumelles, par paire, *gemina*, partant deux à deux du même point ; l'alkekenge.

En faisceau, *fasciculata*, partant plusieurs du même point et formant une sorte de faisceau ; le pin tæda, le pin cimbro, l'asperge.

Etalées en éventail, *flabelliformia*, partant d'un même point et divergeant dans un même plan, comme les rayons d'un éventail ; le ravensara.

En rosette, *in rosulas congesta*, la paquerette ; le drapa verna.

Ramassées, *conferta*, nombreuses et serrées ; la lunaire.

Imbriquées, *imbricata*, se recouvrant mutuellement comme les tuiles d'un toit ou les écailles d'un poisson ; la joubarbe des toits.

Ecartées de la tige, *patentia*, formant avec elle un angle très-ouvert.

Serrées, pressées, *adpressa*, appliquées contre la tige.

Courbées en dedans, *inflexa*, *recurvata*, redressées et courbées vers la tige.

Courbées en dehors, *reflexa*, recourbées de manière que la base est plus haute que le sommet.

Obliques, *obliqua*, lorsque le plan de chaque feuille coupe obliquement la tige.

Retournées, renversées, *resupinata*, lorsque la face inférieure de chaque feuille est tournée vers le ciel et la supérieure vers la terre.

Etalées sur la terre, *humifusa*.

Flottantes, *natantia*, nageant sur l'eau ; le nénuphar.

Submergées, *submersa*, entièrement plongées dans l'eau ; la fontinale.

Emergées, *emersa*, s'élevant à la surface de l'eau ; le nelombo.

Disposition des feuilles pendant le sommeil.

Feuilles simples.

Face contre face, *conniventia ;* l'arroche des jardins.

Enveloppant la tige, *includentia*, le sida abutilon.

En entonnoir, *circumsepientia*, l'amaranthe tricolore.

Pendante, *munientia ;* la balsamine.

Feuilles composées.

Redressées face contre face, *conduplicantia ;* le baguenandier commun.

En berceau, *involventia ;* le lotus pied d'oiseau.

Divergentes, *divergentia ;* le mélilot commun.

Pendantes, *dependentia*, le robinia faux-acacia.

Rabattues et retournées, *invertentia ;* la casse.

Imbriquées, *imbricantia*, les sensitives.

Incision du bord des feuilles.

Elles sont : entières, *integra*, si les bords ne sont pas entamés ou le sont peu visiblement ; le scabiosa integrifolia.

Très-entières, *integerrima*, s'il n'existe aucune dentelure ni échancrure sur les bords ; le chèvre-feuille des jardins.

Sinuées, festonnées, *sinuta*, *repanda*, découpées en festons arrondis plus ou moins profonds ; le statice sinuata, le chenopodium glaucum.

Rongées, *erosa*, comme si elles avoient eu leur bord rongés ; la jusquiame dorée.

Crénelées, *crenata*, bordées de dents arrondies à leur sommet ; le cochlearia armoracia.

A doubles crénelures, *duplicatè crenata*, les crenelures sont elles-mêmes crénelées.

Dentées, *dentata*, garnies de dents ou pointes horisontales ; l'épilobe de montagne.

Denticulées, *denticulata*, ayant des dents fort petites.

Dentées en scie, *serrata*, à dents inclinées vers le sommet de la feuille ; le tilleul.

Dentées à rebours, *retrorsùm dentata*, à dents inclinées vers la base de la feuille ; le mesembryanthemum serratum.

A doubles dents, *duplicatè dentata*, lorsque les dents sont elles mêmes dentées.

Frangées, *fimbriata*, à bords découpés en fines lanières.

Ciliées, *ciliata*, bordées de poils parallèles semblables aux cils de l'œil ; l'arenaria ciliata.

Calleuses, *callosa*, bordées de callosités ; le saxifraga cotyledon.

Epineuses, *spinosa*, les chardons.

Incision du corps des feuilles.

Bifides, à deux découpures, *bifida*, découpées en deux jusqu'à environ moitié de leur longueur ou moins ; le callitric d'automne.

Trifides, *trifida*, le houblon.

Quadrifides , *quadrifida.*

Quinquefides , *quinquefida* , le houblon.

Multifides , *multifida* , l'aconit napel.

Divisées en deux , *bipartita*, le mot divisé suppose ici une séparation très-profonde , qui cependant ne va pas tout-à-fait jusqu'à la base ; le bauhinia.

Divisées en trois, *tripartita*, le geranium fulgidum.

Divisées en cinq, *quinque partita*, le geranium columbinum.

Très-divisées, *multipartita*, le geranium dissectum.

Laciniées , *laciniata* , découpures étroites , irrégulières, alongées ; le sureau lacinié.

Palmées, *palmata*, découpées assez profondément en divisions comparables aux doigts d'une main ouverte ; le platane d'orient , la passe-rose à feuilles de figuier , le palma christi.

Pennatifides , *pinnatifida* , à lobes représentant en quelque sorte les folioles d'une feuille pennée (voyez ce mot) ; la scabieuse des champs.

Bipennatifides , *bipinnatifida* , etc.

Lobées , *lobata*, divisées plus ou moins profondément en découpures arrondies à leur sommet ; le figuier.

Bilobées, *bilobata.*

Trilobées , *trilobata.*

Auriculées , *auriculata* , ayant à leur base des prolongemens latéraux appelés oreillettes ; le pied de veau, la petite oseille.

Forme du sommet.

Les feuilles sont....

Aiguës , *acuta* , terminées par un angle aigu.

Pointues , *acuminata* , terminées en pointes alongées ; l'ortie blanche.

En dard , *cuspidata* , terminées en pointes longues et étroites ; le figuier des pagodes.

Obtuses , *obtusa* , lorsque l'angle du sommet est visiblement obtus ; le guy.

Emoussées, *retusa* , lorsque le sommet se termine tout à coup par une pointe mousse ; *le salix retusa*.

Echancrées, *emarginata* , le sommet, au lieu de s'alonger en pointe , se termine par une échancrure ; les feuilles inférieures de l'amaranthe potagère.

Tronquées, *truncata* , le sommet est coupé transversalement ; le tulipier de Virginie.

Terminées par une vrille, *cirrhosa ;* la flagellaire.

Forme générale des feuilles.

Filiformes, capillaires, *filiformia* , *capillaria* , comparables à un fil , à un cheveu.

En soie, en épingle , *setosa* , *acerosa* , fines , roides ; le lin, le genevrier.

Linéaires, *linearia,* longues et également étroites dans toute leur longueur ; le lin , le gazon d'Olympe.

En alêne , *subulata* , étroites , roides , s'amincissant insensiblement de la base au sommet qui est très-aigu ; la jonquille.

En bouclier , en parasol, peltées, *peltata* , lorsque des feuilles rondes ou arrondies reposent sur des pétioles qui partent de leur centre ; la capucine.

Rondes , *rotunda ;* la capucine.

Arrondies, *subrotunda ,* presque rondes ; le bupleverum rotundifolium.

Ovales , *ovata* , représentant la coupe longitudinale d'un œuf, le petit bout au sommet ; le hêtre.

Ovales renversées, *obovata*, le petit bout à la base; le mouron d'eau.

Oblongues, *oblonga*, ovales, très-alongées; l'oseille des prés.

En cœur, *cordata*, ovales, ayant un angle rentrant à leur base; le tilleul.

En cœur renversé, *obcordata*, la pointe du cœur aboutissant au pétiole; les folioles du baguenaudier commun, de l'alelluia.

Lancéolées, *lanceolata*, en fer de lance, c'est-à-dire, oblongues, rétrécies par les deux bouts; la giroflée jaune.

Elliptiques, *elliptica*, oblongues, arrondies vers les deux bouts; le sumac des corroyeurs.

En triangle, triangulaires, *triangularia;* le bon henri.

En coin, *cuneiformia*, triangulaires, l'angle le plus aigu aboutissant au pétiole.

En trapèse, *trapesiformia*, triangle tronqué par le sommet.

Rhomboïdales, *rhombea ;* la vulvaire.

Anguleuses, *angulosa ;* la pomme épineuse, la morelle noire.

Sagittées, en fer de flèches, *sagittata*, triangulaires, échancrées à la base; la flèche d'eau

Hastées, en fer de hallebarde, *hastata*, à peu près le profil d'un fer de flèche, mais les angles latéraux, prolongés en oreillettes, sont rejetés en dehors; le pied de veau.

En croissant, *lunulata*, arrondies, larges, courtes au sommet, un sinus profond à la base, et deux angles aigus; l'adiantum lunulatum.

En fer de faulx, *falcata*, alongées, étroites, échancrées d'un côté et recourbées de l'autre comme un fer de faulx ; la berle fauciliaire.

En rein, *reniformia*, arrondies au sommet, un sinus à la base et point d'angles aigus sur les côtés ; le cabaret ou oreille d'homme.

En spatule, spatulées, *spatulata*, larges et arrondies au sommet, la base longue, et rétrécies ; la paquerette.

En violon, *panduriformia*, oblongues avec un sinus de chaque côté vers la base ; l'oseille violon.

En lyre, *lyrata*, oblongues, sinuées profondément, les lobes insensiblement plus grands vers le sommet ; la sauge lyrée.

Roncinées, *runcinata*, oblongues, à découpures latérales, recourbées en arrière en fer de serpette ; le pissenlit.

En capuchon, *cucullata*, le geranium cucullatum.

En cuiller, *cochleariformia*, le cochlearia officinalis.

Formes propres aux feuilles épaisses.

En œuf, *ovoïdea*.

Cylindriques, *cylindrica*.

Fistuleuses, *fistulosa*, plus ou moins cylindriques et creusées intérieurement ; l'oignon commun.

En glaive, *ensiformia*, alongées, pointues au sommet, renflées au milieu longitudinalement et tranchantes par les côtés ; le glayeul commun, l'iris.

En sabre, *acinaciformia*, alongées, comprimées, épaisses d'un côté, tranchantes de l'autre ; le mesembryanthemum.

En doloir, *dolabriformia*, élargies, et tranchantes d'un seul côté vers le sommet ; le mesembryanthemum dolabriforme.

Trigones, *trigona*, à trois faces sur les côtés; le me-sembryanthemum bellidiflorum.

En langue, *linguæformia ;* l'aloës linguæformis

Comprimées, *compressa*, aplaties sur les côtés.

Déprimées, *depressa*, aplaties du sommet à la base.

Consistance.

Membraneuses, *membranacea.*

Cartilagineuses, *cartilaginea.*

Scarieuses, *scariosa*, membraneuses, sèches et sem-blables à du parchemin.

Epaisses , *crassa.*

Succulentes, *succulenta*, épaisses et pleines de suc.

Surface.

Planes , *plana*, ni convexes, ni concaves.

Convèxes , *convexa.*

Concaves , *concava.*

Canaliculées, en gouttière, *canaliculata*, ayant un sillon profond dans toute leur longueur; l'hyacinthe d'orient.

En carène , *carinata*, en gouttière, ayant un angle saillant longitudinal sur le milieu du dos ; l'aspho-dèle rameux.

Plissées, *plicata*, à plis parallèles ; le veratrum.

Ridées, *rugosa*, chargées de petits sillons irréguliers ; l'orvale ou toute bonne.

Bosselées, *bullata ;* l'ocymum bullatum.

Ondulées, *undulata*, ayant des ondulations sur les bords; le rumex undulata.

Frisées, crépues, *crispa*, ayant leurs bords très-ondulés et chargés de rides rapprochés; le chou frisé.

Marquées de nervures, nervées, *nervosa*, ayant sur leurs lames des côtes ou lignes longitudinales très-saillantes.

Marquées de trois nervures, *trinervia*; le soleil.

Marquées de cinq nervures, *quinquenervia*; le plantain.

Sans nervures, *enervia*; la tulipe.

Veinées, *venosa*, les veines sont les divisions des principales côtes ou nervures des feuilles; la canneberge.

Ponctuées, *punctata*, parsemées de points; le myrte, le millepertuis.

Mamelonnées, *mammosa*, garnies de points relevés; la glaciale.

Voyez pour les autres qualités de la surface ce qui est dit à l'article des *tiges*.

Couleur.

Voyez également la couleur des *tiges*.

Composition des feuilles.

Simples, *simplicia*, étant d'une seule pièce, c'est-à-dire, non divisées en petites feuilles ou folioles attachées sur un même pétiole; le poirier.

Composées, *composita*, feuilles formées de folioles distinctes, attachées sur un pétiole commun; le pétiole de chaque foliole est ou n'est pas articulé; le faux ébenier, le frêne.

Composition des feuilles sans articulation.

Digitées, *digitata*, à folioles semblables à des doigts par leur alongement et leur disposition; le marronnier d'Inde, le chanvre.

Tridactyles, *tridactylia*, à trois folioles en doigts.

Tétradactyles,

Tetradactyles , *tetracdatylia.*

Pentadactyles, *pentadactylia.*

En pédale, *pedata* , quand le pétiole principal so bifurque, et que les folioles sont disposées commo des pédales sur le côté interne des deux branches du pétiole ; l'ellébore noir , la serpentaire.

Pennatiformes , *pinnatiformia* , feuilles pennées sans articulation. (Voyez pennées.)

Pennatiformes avec interruption , *interrupté pinnati-formia* , quand les folioles ont entre elles d'autres folioles beaucoup plus petites, qui interrompent la régularité de la série ; la reine des prés, l'aigre-moine.

Bipennatiformes , etc.

Décomposées , *decomposita* , divisées et sub-divisées plusieurs fois , et enfin terminées par des folioles irrégulières et comme déchirées; la ciguë, la fume-terre.

Composition des feuilles avec articulation.

Conjuguées , *conjugata* , à deux folioles opposées ; le sainfoin à deux feuilles, le fabago.

Ternées , *ternata* , à trois folioles ; le trèfle , etc.

Pennées, *pinnata* , quand les folioles sont rangées des deux côtés du pétiole comme les barbes d'une plume ; l'acacia.

Bipennées, *bipinnata* , lorsque le pétiole commun porte sur les côtés des folioles pennées ; le févier.

Tripennées , *tripinnata* , etc.

Pennées avec impaire , *impari-pinnata* , c'est-à-dire, avec une foliole impaire qui termine la feuille ; l'acacia.

T OME II. K

Pennées sans impaire, *abruptè pinnata*; la fève, le caroubier.

Pennées, terminées par une vrille, *pinnata apice-cirrhosa*, au lieu de l'être par une foliole; le pois.

PÉTIOLE

Considéré comme faisant partie des feuilles.

Le pétiole, *petiolus*, est le support particulier de la feuille; les nervures n'en sont visiblement qu'un prolongement.

Feuilles petiolées, *folia petiolata*, portées sur un pétiole.

Pétiole simple, *petiolus simplex*, sans division et portant une feuille simple.

P. commun, *p. communis*, portant plusieurs folioles, ayant leur pétiole particulier.

P. secondaire, *p. secundarius*, division immédiate du pétiole commun.

P. tertiaire, *p. tertiarius*, division du pétiole secondaire.

P. quaternaire, *p. quaternarius*, division du pétiole tertiaire.

P. en vrille, *p. cirrhosus*, se contournant en spirale et s'attachant comme les vrilles proprement dites; la capucine.

P. marginal, *p. marginalis*, partant du bord de la feuille.

P. central *p. centralis*, partant du centre; la capucine.

P. décurrent, *p. decurrens*, prolongé sur la tige en aile membraneuse ou foliacée; le pisum ochrus.

Voyez, pour la surface, la forme, la couleur, etc., ce qui a été dit sur les tiges.

Grandeur du pétiole relativement à la surface de la feuille.

Très-long, *longissimus*, beaucoup plus long que la lame de la feuille.

Long, *longus*, plus long que la lame.

Moyen, *mediocris*, un peu plus court.

Court, *brevis*, beaucoup plus court.

Très-court, *brevissimus*, moins long que le tiers de la lame de la feuille.

STIPULES

Considérées comme appendices propres aux feuilles.

Les stipules, *stipulæ*, sont des productions foliacées qui naissent à la base des pétioles ou des feuilles.

Nombre.

Feuilles sans stipule, *folia exstipulata*; les liliacées.

F. stipulées, *folia stipulata*; le *geranium*.

Stip. solitaires, *solitariæ*.

Deux à deux, *geminæ*.

Quatre à quatre, *quaternæ*; l'hélianthème.

Situation et attache des stipules.

Latérales, *laterales*, celles qui sont placées de chaque côté du pétiole; le *lotus tetraphyllus*.

Entre les feuilles, *intrafoliaceæ*; le mûrier, le figuier.

Placées sur les tiges ou sur les rameaux, *extrafoliaceæ*; les légumineuses, le bouleau, le tilleul.

Opposées aux feuilles, *oppositifoliæ*; le trèfle des prés.

Intermédiaires avec les feuilles, *intermediæ*, lorsque les feuilles sont opposées et que les stipules qui naissent auprès d'elles, également opposées, coupent la direction des feuilles, à angle droit ; le café et beaucoup d'autres rubiacées.

Engaînantes, *vaginantes*, embrassant le pourtour de la tige ou des rameaux ; la persicaire du Levant.

Decurrentes, *decurrentes*, prolongées sur la tige.

Durée.

Fugaces, caduques, *caducæ*, lorsqu'elles tombent avant les feuilles ; le cerisier.

Tombant avec les feuilles, *deciduæ*.

Persistantes, *persistentes*, qui subsistent après la chûte des feuilles.

Nota. Les autres caractères sont les mêmes que ceux des feuilles.

—————————

SECTION SIXIEME.

Des poils, des glandes, des aiguillons, des épines et des vrilles.

POILS.

Les poils, *pili*, sont une espèce de velours, de poils follets, de laine, de coton qui couvrent la superficie du végétal. Ce sont, ainsi que les pores, des organes excrétoires et absorbans. On en distingue différentes espèces.

1°. Les poils proprement dits, *pili*, qui sont rudes au toucher ; la viperine, la bourrache.

2°. La soie, ou poils soyeux, *sericum*, poils mous, serrés, luisans comme de la soie ; l'argentine.

3°. Le duvet, *lanugo*, poils doux et fort courts ; la pêche, la digitale.

4°. Le coton, *gossypium* (*tomentum* Lin.) poils, serrés entrelacés, moëlleux au toucher comme du coton ; le peuplier blanc.

5°. La laine, *tomentum*, poils semblables aux précédens, si ce n'est qu'ils sont moins doux et approchent davantage de la laine : de là, le nom de tiges ou feuilles drapées ; le bouillon blanc.

6°. Les soies ou crins, *setæ*, poils roides, et grêles comme des soies de porcs.

Les poils sont :

Simples, *simplices*, sans divisions.

Rameux, *ramosi*, subdivisés dans leur longueur.

En crochet, en hameçon, *hamosi*, recourbés au sommet.

Plumeux, *plumosi*, garnis de poils latéraux.

Etoilés, *stellati*, partant d'un même point et divergeant.

En double scie, *glochides*, garnis de deux rangs de crochets ou de dents, etc.

G L A N D E S.

Les glandes, *glandulæ*, sont des petits corps vésiculeux qu'on trouve sur différentes parties des plantes et particulièrement sur les feuilles, les calices, et aux onglets des pétales. Ce sont, à ce qu'il paroît, des organes de la secrétion.

Il y a plusieurs espèces de glandes.

1°. Miliaires, *miliares*, très-petites et rangées en grand nombre à la surface supérieure des feuilles de pin et de sapin.

2°. Vésiculaires, *vesiculares*, semblables à de petites vessies transparentes et remplies d'une huile inflammable; le myrte, l'oranger.

3°. Utriculaires, *utriculares*, semblables à de petites outres, ou à des ampoules ordinairement remplies d'un suc propre qui paroît plus aqueux qu'huileux; la glaciale.

4°. Globulaires, *globulares*, semblables à de petits globules qui paroissent quelquefois comme des points brillans à la surface inférieure des feuilles dans les labiées.

5°. Lenticulaires, *lenticulares*, points lenticulaires, dont la saillie rend les parties rudes au toucher; les bouleaux.

6°. En godet, *cupulares*, petites glandes charnues et concaves qu'on observe à la base des feuilles de l'amandier, du prunier, du pêcher.

AIGUILLONS; ÉPINES.

Les aiguillons, *aculei*, sont des piquans

qui prennent naissance dans l'écorce et n'ont aucune liaison avec le bois, en sorte qu'on peut les détacher sans efforts ; le rosier.

Les épines, *spinœ*, sont des piquans qui ont leurs racines dans le bois et font corps avec lui , en sorte quelles ont une forte adhérence à la tige ; l'aube-épine.

Les épines et les aiguillons sont :

Simples, *simplices*, sans divisions ; les épines du prunier sauvage.

Fourchues, bifurquées, *bifurcatœ*, divisées en fourche ; les épines de la pimprenelle épineuse.

Ramifiés, *ramosi* ; les aiguillons de quelques groseillers les épines du févier.

Deux à deux, *binœ*, *geminœ* ; les épines du jujubier.

Trois à trois, *ternœ* ; les épines de l'épine vinette.

Quatre à quatre, *quaternœ*, etc.

En faisceau, *fasciculati* ; les aiguillons des cierges.

En verticille, verticillés, *verticillati* ; les aiguillons de l'*azyma tetracanthos*.

Coniques, *conici* ; le zanthoxylon, le sablier.

V R I L L E S.

Les vrilles, *cirrhi*, sont des productions grêles, semblables à des fils épais, partant de la tige des rameaux ou des feuilles, se roulant souvent en spirale, s'attachant aux corps voisins et servant à élever et à soutenir les plantes qui en sont pourvues.

K 4

Elles sont :

Attachées à la feuille, *foliares ;* la superbe du Malabar.

Attachées au pétiole, *petiolares ;* le pois commun.

Attachées au pédoncule, *pedunculares.*

Axillaires, *axillares,* dans l'aisselle d'une subdivision quelconque de la tige ; la grenadille.

Roulées en tirebourre, *convoluti,* tordues à peu près comme une vrille ; la vigne.

Repliées, *revoluti,* en divers sens.

Feuillées, *foliati,* portant quelques feuilles.

Simples, *simplices,* sans ramifications ; la pomme de merveille.

Fourchues, bifides, *bifidi,* se divisant en deux filets à leur extrémité supérieure ; la vigne.

Trifides, *trifidi ;* la bignone griffe de chat.

Multifides, *multifidi,* en beaucoup ; plusieurs courges.

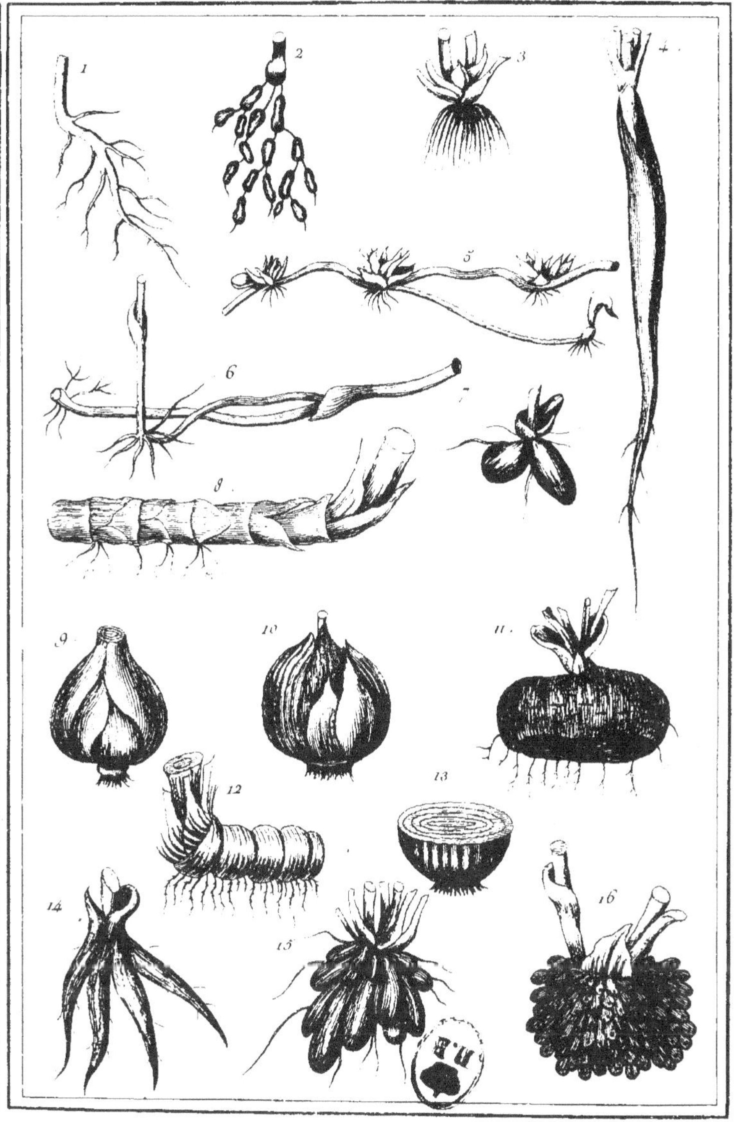

RACINES.

FEUILLES.

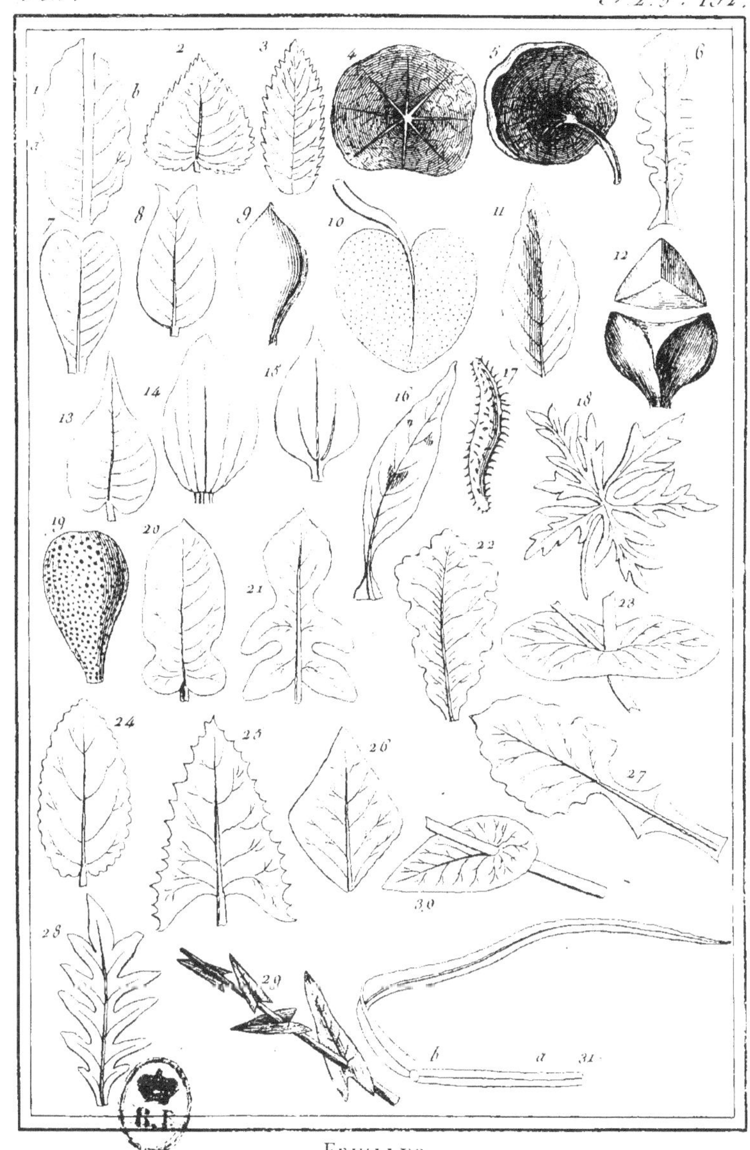

FEUILLES

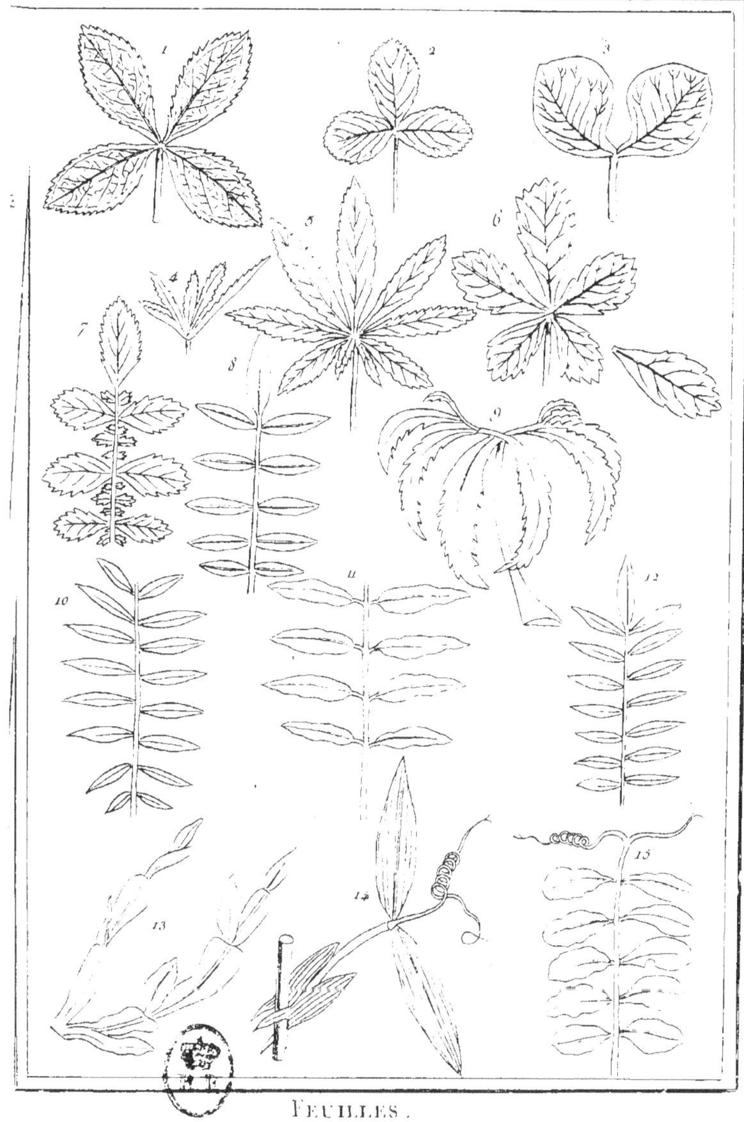

FEUILLES.

FEUILLES.

C. Marchand S.

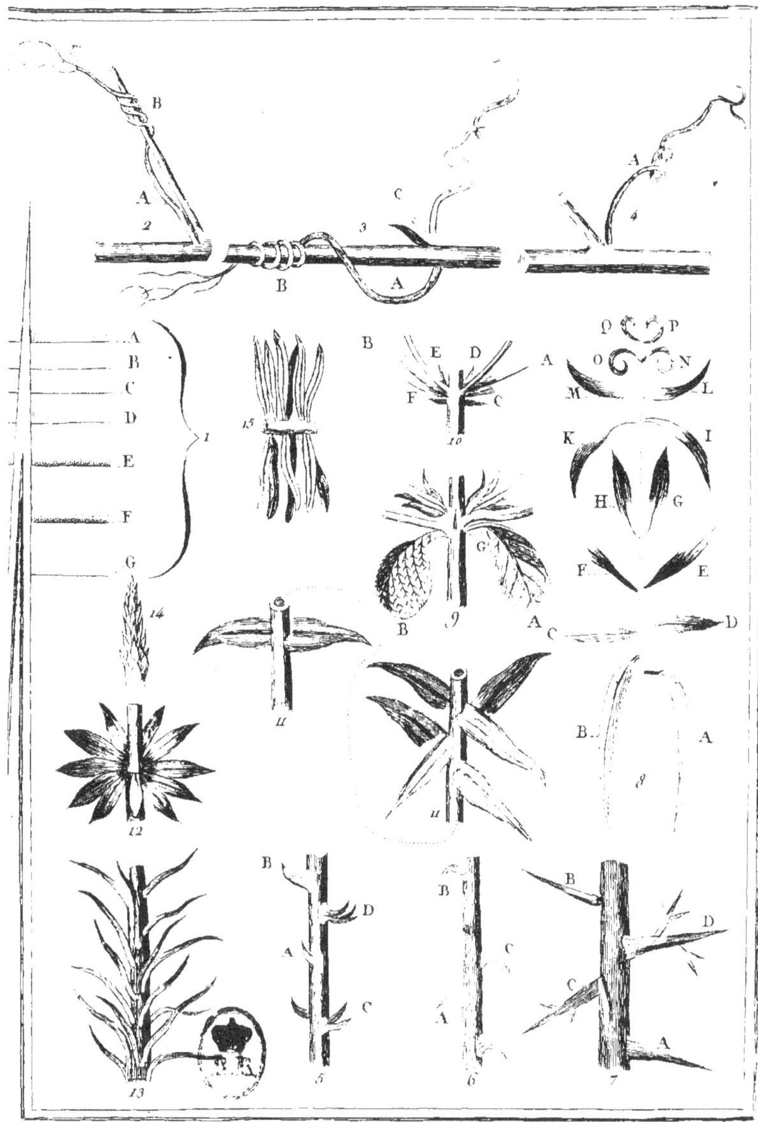

POILS. ARMES. DISPOSITION ET DIRECTION DES FEUILLES.

II. DES ORGANES

Nécessaires à la reproduction des espèces.

SECTION PREMIERE.

DE LA FLEUR ET DU RÉCEPTACLE.

FLEUR.

LES organes de la fécondation réunis ou séparés, nus ou accompagnés d'une enveloppe simple ou double, constituent la fleur, *flos*.

On donne à l'organe mâle le nom d'*étamine*; à l'organe femelle celui de *pistil*; à l'enveloppe simple celui de *périanthe simple* ; à l'enveloppe double celui de *périanthe double*. La partie extérieure du périanthe double est le *calice*; la partie intérieure est la *corolle*. Voyez les différentes sections ou je traite de ces organes.

Composition de la fleur ; elle est....

Complette , *completus,* lorsqu'elle est formée d'un périanthe double et des organes des deux sexes; l'œillet.

Incomplette , *incompletus ,* lorsqu'il lui manque quelqu'une de ces parties ; le lis dans lequel le périanthe est simple.

Nue , *nudus ,* si elle n'a point de périanthe ; le callitric.

Unisexuelle, *diclinis*, si elle n'a qu'un sexe; l'épinard, le houblon.

Hermaphrodite, *hermaphroditus*, si elle a les deux sexes; le lis, la rose.

Monoïque, *monoïcus*, fleurs mâles et femelles sur le même pied; le melon, le chêne.

Dioïque, *dioïcus*, fleurs mâles sur un pied; fleurs femelles sur un autre; le chanvre, le saule, le dattier.

Polygame, *pol; gamus*, fleurs mâles et fleurs femelles sur le même ou sur différens individus qui portent aussi des fleurs hermaphrodites; la pariétaire, le frêne, le caroubier.

RÉCEPTACLE.

Le réceptacle, *receptaculum*, est le point d'union du pédoncule et de l'ovaire. Il ne faut pas le confondre avec le réceptacle commun, dont il est question au sujet de la disposition des fleurs sur la plante.

SECTION DEUXIÈME.

Du périanthe simple; du périanthe double, comprenant le calice et la corolle; du disque.

PÉRIANTHE.

Le périanthe, *perianthium*, est un prolongement particulier de la partie extérieure du support de la fleur, servant d'enveloppe immédiate aux organes de la génération et ne pouvant, soit par sa forme, soit par sa consistance, soit par sa situation, être confondu avec les bractées, les spathes, les glumes, les bâles et autres feuilles florales.

Le périanthe est simple ou double.

PÉRIANTHE SIMPLE.

Le périanthe simple, *perianthium simplex* (*calix* Juss.), enveloppe immédiate des organes de la fécondation, est formé d'une seule pièce, ou de plusieurs pièces rangées en une seule série; il est ordinairement continu avec l'écorce du support de la fleur.

Le périanthe simple est tantôt d'un tissu verd, ferme et un peu succulent; tantôt d'un tissu coloré, mou et aqueux; tantôt verd extérieurement, et coloré intérieurement. Toutes les épithètes qui conviennent au calice lui sont applicables.

PÉRIANTHE DOUBLE.

Le périanthe double, *perianthium duplex*, présente deux enveloppes distinctes; l'une est extérieure et continue avec l'écorce du support de la fleur; on la nomme *calice*; l'autre est intérieure et paroît être le prolongement du corps ligneux placé sous l'écorce du support; elle recouvre immédiatement les organes de la génération; on la nomme *corolle.*

CALICE.

Le calice, *calix*, est la partie la plus extérieure du périanthe double; il est continu avec l'écorce du support de la fleur dont il a ordinairement la consistance et la couleur herbacée.

CALICE MONOPHYLLE.

Le calice est monophylle, *monophyllus*, lorsqu'il est d'une seule pièce, c'est-à-dire, lorsqu'il n'a point de divisions, ou lorsque les divisions, s'il y en a, ne s'étendent point jusqu'à la base; l'œillet, la primevère. On remarque dans le calice monophylle le tube, l'orifice du tube et le limbe.

Le calice a un tube, *tubus*, lorsqu'étant d'une seule pièce, il ressemble dans une partie de sa longueur à un tuyau plus ou moins alongé; l'œillet.

Même définition pour le tube de la corolle. Voyez cet article.

L'orifice ou la gorge, *faux*, est l'entrée du tube du calice. Voyez ce qui est dit à l'article de l'orifice de la corolle.

Le limbe ou bord, *limbus*, est la partie

supérieure qui se prolonge en lame mince au delà des incisions ou de l'orifice du tube.

Forme générale du calice.

Hémisphérique, *hemisphericus ;* quelques lauriers.

Turbiné, *turbinatus,* en cône renversé ; beaucoup de labiées, la gesse.

Urcéolé, *urceolatus,* renflé dans une partie de sa longueur, puis resserré à son orifice comme une burette ; le rosier.

En godet, *capularis,* en tube très-court, renflé à sa base et resserré un peu à son orifice ; le lycium afrum.

Cylindrique, *cylindricus,* formant une espèce de tuyau cylindrique ; l'œillet.

En massue, *claviformis,* tubulé, oblong et renflé à son sommet ; l'anguine.

Campanulé, *campanulatus,* en forme de cloche ; le liseron.

Enflé, ventru, *ventricosus, gibbus,* dilaté à son milieu, resserré insensiblement à sa base et à son orifice ; le cucubalus behen.

Ailé, *alatus,* garni extérieurement de lames minces, ayant ordinairement la consistance et la couleur verte des feuilles.

Comprimé, *compressus,* aplati sur les côtés ; le pourpier, la brunelle.

Prismatique, *prismaticus,* à plusieurs angles et à plusieurs faces : le calice de la pulmonaire a cinq angles et autant de faces.

Eperonné, *calcaratus,* ayant un prolongement creux, ressemblant par sa forme extérieure à un ergot de coq ; la capucine.

Nota. Voyez la corolle pour suppléer à ce qui manque ici.

L I M B É.

Tronqué, *truncatus*, terminé brusquement et comme s'il avoit été tronqué ; quelques lauriers.

Entier, *integer*, n'ayant ni dents, ni découpures, ni divisions.

Rongé, *erosus*, le bord est inégal comme s'il avoit été rongé par quelque insecte.

Sinué, festonné, *sinuosus*, *repandus*, bord découpé en sinuosités peu profondes et arrondies.

Denté, denticulé ; *dentatus*, *denticulatus*, bord ayant des divisions peu profondes et très-aiguës, comme les dents d'une scie ; l'œillet.

Découpé, *laciniosus*, ayant des découpures aiguës qui égalent en profondeur environ la moitié de la longueur totale du calice ; le rosier.

Lobé, *lobatus*, lorsque les découpures sont arrondies à leur sommet au lieu d'être aiguës.

Divisé, *partitus*, lorsque le calice est divisé presque jusqu'à sa base.

Divisions du limbe.

Droites, *erectæ*, lorsque les dents ou découpures, etc. sont dans la direction du corps du calice ; l'œillet.

Rapprochées, *conniventes*.

Ouvertes, divergentes, *patentes*, *divergentes*, placées en dehors dans une situation horisontale, en sorte que l'orifice du tube peut être de niveau avec le plan des divisions.

Renversées, *reflexæ*, recourbées en dehors ; la campanule.

Irrégularité du calice.

Le calice est irrégulier, *calix irrégularis, inæqualis,* lorsqu'au lieu de présenter un ensemble symétrique il présente quelques diformités ; les labiées, les légumineuses, la capucine.

Voyez ce qui est dit au sujet de la corolle.

Attache du calice.

Adhérent, supérieur, *adherens, superus,* adhérant à l'ovaire. Lorsque le calice adhère à l'ovaire, son limbe est ordinairement supérieur ; c'est ce qui a donné lieu à l'expression de *calice supérieur* qui est impropre. Le calice naît toujours de la base de l'ovaire, comme l'observe très-judicieusement Ventenat ; le myrte, le pommier.

Non adhérent, libre, inférieur, *non adherens, inferus,* lorsque le calice est séparé entièrement de l'ovaire comme les labiées.

Demi-adhérent, demi-supérieur, *semi-superus,* adhérent dans une partie de la longueur.

Coloration ; le calice est....

Coloré, *coloratus,* d'une autre couleur que la verte ; le grenadier.

Pétaloïde, *petaloïdeus,* d'une substance molle, aqueuse, colorée, fugace comme celle des pétales ; l'ancolie.

Demi-pétaloïde, *semi-petaloideus,* verd et herbacé extérieurement, coloré et pétaloïde intérieurement ; le nénuphar.

Durée du calice.

Fugace, caduc, *caducus,* tombant avant la corolle ; le pavot.

Tombant, *deciduus*, tombant avec la corolle ; le chou, la giroflée.

Marcescent, *marcescens*, se flétrissant et se desséchant sans tomber ; la campanule.

Persistant, *persistens*, survivant à la corolle et accompagnant le fruit ; les labiées et les borraginées.

Calice polyphylle.

Le calice est polyphylle, *calix polyphyllus*, lorsqu'il est partagé jusqu'à la base en plusieurs petites feuilles ou folioles parfaitement distinctes les unes des autres. On le dit. . . .

Diphylle, *diphyllus*, lorsqu'il est composé de deux folioles ; le pavot.

Triphylle, *triphyllus*, lorsqu'il est composé de trois ; la renoncule ficaire.

Tétraphylle, *tetraphyllus*, à quatre folioles ; la giroflée, le chou.

Pentaphylle, *pentaphyllus*, à cinq folioles ; toutes les renoncules, excepté la ficaire, etc.

DISQUE

Considéré comme faisant partie du calice.

Le disque, *discus*, est un renflement charnu qui tapisse et recouvre le fond du calice.

Il n'existe pas dans toutes les fleurs.

Elargi, dilaté, *latus*, *dilatatus*, s'étendant sur la paroi interne du calice ; le nerprum.

Plane, *planus*, dilaté et ne formant pas de saillie bien marquée ; le myrte.

Protubérant,

Protubérant, *protuberans*, formant une saillie remarquable; l'œillet.

Cylindrique, *cylindricus*, *teres*, protubérent et en forme de cylindre; l'œillet.

Glanduleux, *glandulosus*, formé de plusieurs petites glandes; le jujubier.

En anneau, annulaire, *annulatus*, en saillie semblable à un anneau; la belle de nuit.

COROLLE.

La corolle, *corolla*; partie intérieure du périanthe double est continue avec le tissu ligneux situé sous l'écorce; elle enveloppe immédiatement les organes de la génération; son tissu est mou, coloré, fugace.

Attache de la corolle.

Périgyne, *perigyna*, du grec *peri*, autour, et *gunè*, femme; naissant autour de l'ovaire; la campanule, le rhododendrum.

Epigyne. *epigyna*, du grec *epi*, sur, *gunè*, femme; naissant dessus l'ovaire; la reine marguerite, le grand soleil, la scabieuse, le café, le chèvrefeuille.

Hypogyne, *hypogyna*, du grec *upo*, dessous, *gunè*, femme; naissant dessous l'ovaire; le liseron, le chou, l'œillet.

Sur le calice, *summo calici inserta* Jus.; la salicaire, le myrte.

COROLLE MONOPÉTALE.

La corolle monopétale, *corolla monopetala*, est celle qui est formée d'une seule pièce ou pétale, de manière qu'on peut l'enlever en entier du lieu de son insertion. On y distingue le tube, *tubus*, tuyau inférieur, et le limbe, *limbus*, bord supérieur.

COROLLE MONOPÉTALE RÉGULIÈRE.

Pour qu'une corolle soit régulière, *corolla monopetala regularis*, il faut que le tube, le limbe et les divisions présentent un ensemble très-symétrique.

Campanulée ou campaniforme, *campanulata*, en forme de cloche ; la campanule, la belladone.

En grelot, globuleuse, *globosa*, en forme de cloche dont l'orifice resserré est moins dilaté que le tube ; quelques bruyères, les andromèdes.

En godet, *cupularis*, en tube très-court, renflé à sa base et resserré un peu à son orifice ; le calice du lycium afrum.

Urcéolée, *urceolata*, (voyez le calice); les auteurs emploient souvent ce mot pour désigner une forme en godet.

En massue, *clavata*, longue, mince à sa base, ayant un renflement oblong à son sommet, à peu près comme une massue ; l'*erica tubiflora*.

Infundibuliforme, en entonnoir, *infundibuliformis*, tubulée et dont le limbe est en forme de cône renversé ; la pomme épineuse, le tabac.

Hypocratériforme, en soucoupe, *hypocrateriformis*, tubulée et subitement dilatée en un limbe régulier presque plane ; l'oreille d'ours, le phlox.

En roue, *rotata*, lorsqu'un limbe plane, entier ou divisé, repose sur un tube très-court ; la bourrache, le mouron, la molène.

Etoilée, *stellata*, pouvant être confondue avec la corolle en roue.

Tubulée, *tubulata, tubulosa*, en tube plus ou moins alongé, peu dilaté à son orifice.

Nota. Voyez comme supplément ce qui a été dit plus haut sur la forme du calice.

T U B E.

Le tube, *tubus*, est le tuyau que forme ordinairement à sa base une corolle monopétale.

Droit, *rectus*, n'ayant aucune courbure; la pervenche.

Courbé, *arcuatus*, décrivant une courbe quelconque; le duranta.

Cylindrique, *cylindricus, cylindraceus*, également dilaté dans toute sa longueur et sans aucun angle.

Grêle, filiforme, délié, *gracilis, filiformis*, comparable à un fil pour l'épaisseur.

Ventru, renflé, *ventricosus*, beaucoup plus dilaté vers son milieu qu'à sa base ou à son orifice.

Appendiculé, *appendiculatus*, garni d'appendices ou de prolongemens qui semblent distincts du tube; le laurier rose, le cuscute.

O R I F I C E, *faux*.

Clos, fermé, *clausa*, comme étranglé à son orifice.

Dilaté, ouvert, *dilatata*, plus ouvert que le reste du tube; la belle de nuit.

Pentagone, *pentagona*, à cinq côtés réguliers, bien marqués; la pervenche.

Saillant, *prominens*, le tube forme une sorte de saillie au dessus du limbe.

Nud, *nuda*, sans appendice, poils, etc. ; la belladone, le cérinthe ou melinet.

Couronné, *coronata*, bordé d'appendices ou de prolongemens, en quelque sorte semblables à une
couronne ; le périanthe simple du narcisse et du
pancratium est couronné.

Velu, *villosa*, *pilosa*, garni de poils.

Glanduleux, tuberculé, écailleux, *glandulosa*, *squamosa*, garni de tubercules ou d'écailles qui obstruent
plus ou moins l'entrée du tube ; la cynoglosse, le
lycopsis.

Bosselé, *gibbosa*, garni de bosses concaves en dessous.

L I M B E.

Le limbe ou bord, *limbus*, est le bord
supérieur de la corolle.

Plissé, *plicatus*, offrant des plis réguliers comme un
éventail, une bourse à jetons, etc. ; le liseron.

Tors, *tortus*, *contortus*, les divisions de la corolle
sont coupées obliquement et se recouvrent avant
l'épanouissement, en tournant autour de l'axe de
la fleur ; la pervenche, le laurier rose.

Droit, *rectus*, parallèle à l'axe de la fleur.

Etalé, ouvert, *patens*, formant un angle droit avec
le tube ; la pervenche rose.

Renversé, recourbé en dehors, *reflexus*, *retròflexus*,
s'abaissant ou se courbant extérieurement vers la
base de la fleur ; le cyclamen.

COROLLE MONOPETALE IRRÈGULIÈRE.

Toute corolle monopétale est irrégulière,
corolla monopetala irregularis, lorsque son

tube , son limbe ou ses divisions ne présentent point un ensemble symétrique.

TUBE.

Arquée, courbée, *arcuata* , *curva*, formant une courbure quelconque; le martynia.

Comprimée , *compressa*, aplatie sur les côtés; beaucoup de labiées.

Déprimée , *depressa* , aplatie de haut en bas.

Bossue, *gibba* , ayant un renflement brusque à l'extérieur, qui correspond à une cavité intérieure (nectaire Lin.); la martynia.

Eperonnée, *calcarata*, munie d'un prolongement creux, ayant extérieurement la forme d'un ergot de coq ; quelques valérianes, la linaire.

LIMBE.

Unilabiée, à une lèvre , *unilabiata* , *ringens* , le limbe se prolonge comme la lèvre inférieure ou supérieure d'un animal; la germandrée.

Bilabiée , à deux lèvres , *bilabiata* , *ringens* , le limbe se prolonge comme les deux lèvres de la gueule d'un animal; l'hyssope, la mélisse.

On considère la forme des lèvres, *labia ;* elles sont voutées, *fornicata ;* la lèvre supérieure du phlomis : redressées , *erecta;* la lèvre supérieure de l'origan : comprimées , *compressa;* la lèvre supérieure du trichostema : planes, *plana;* la lèvre supérieure du cunila ou conièle : entières, *integra ;* la lèvre supérieure du monarda : échancrées, *emarginata;* la lèvre supérieure du lycopus : lobées, *lobata;* la lèvre inférieure de la sauge , etc.

Renversée, *resupinata* ; la corolle est placée de telle manière que la partie, qui ordinairement regarde le ciel, est ici tournée vers la terre, en sorte qu'on croiroit cette corolle renversée ; l'ocimum ou basilic.

En gueule, en mufle, *personata*, *ringens*, corolle dont la forme a quelques rapports avec un mufle ; l'antirrhinum ou mufle de veau.

Ligulée, en languette, *ligulata*, le limbe du tube s'alonge d'un seul côté et forme une espèce de languette ; les demi-fleurons de la reine marguerite et du soleil.

Anomale, *anomala*, de forme singulière, bizarre, et qu'on ne peut guère définir ; l'aristoloche.

COROLLE POLYPÉTALE.

Toute corolle, qui est partagée depuis son sommet jusqu'à sa base en plusieurs parties distinctes et séparées, est polypétale, *corolla polypetala* ; chaque portion est un pétale, *petalum* ; la surface élargie et dilatée est la lame, *lamina* ; le bord supérieur est le limbe, *limbus* ; le point par lequel le pétale s'attache sur le réceptacle, ou sur le calice, est l'onglet, *unguis*.

Composition.

Dipétale, *dipetala*, à deux pétales ; la circée.

Tripétale, *tripetala* ; l'hydrastis.

Tétrapétale, *tetrapetala* ; la chélidoine.

Pentapétale, *pentapetala* ; le rosier.

Hexapétale, *hexapetala* ; l'épine-vinette.

Polypétale, *polypetala*.

Cruciforme, fleur en croix, crucifère, *cruciformis;* quatre pétales, ordinairement réguliers, à longs onglets, à lames, formant une croix par leur disposition ; le chou et autres plantes de la famille des crucifères.

Caryophyllée, fleur en œillet, *caryophyllata*, cinq pétales réguliers dont les onglets fort longs ont leur attache au fond d'un calice en tube ; l'œillet, le lin.

Rosacée, fleur en rose, *rosacea*, cinq pétales réguliers à onglet fort court, et disposés en rose ; le rosier, le fraisier.

Anomale, *anomala*, formée de pétales dissemblables ; l'aconit, le pied d'alouette.

Papillonacée, *papilionacea*, corolle presque toujours composée de quatre pétales, savoir : l'étendard ou pavillon, *vexillum*, pétale supérieur, ordinairement grand et redressé ; les deux ailes, *alœ*, pétales latéraux plus étroits ; la carène ou nacelle, *carina*, pétale inférieur, semblable à la carène d'un navire. Cette quatrième partie est quelquefois composée de deux pétales rapprochés. Le pois, la fève, le haricot ont des corolles papillonacées.

PÉTALES.

Les pétales, *petalœ*, sont comme on a vu précédemment, les lames molles qui composent la corolle polypétale.

Onguiculés, *unguiculatœ*, tous les pétales sont attachés à la fleur par un onglet ; mais le mot onguiculé indique que l'onglet est long et apparent ; l'œillet, la giroflée.

L 4

Glanduleux, *glandulosa*, chargés de glandes. Les pétales de la renoncule ont une glande sur leur onglet.

Appendiculés, *appendiculata*, ayant un prolongement quelconque qui paroît additionnel à la structure ordinaire du pétale ; le silène.

Capuchonnés, en capuchon, en casque, *cucullata*, creux, ouverts antérieurement, et prolongés en voûte fermée à son extrémité ; l'aconit.

Eperonnés, en éperon, *calcarata*, creux, ouverts antérieurement et prolongés en pointe ; la capucine, la violette.

Difformes, *difformia*, de forme bizarre qu'on ne peut indiquer par un mot ; l'épimède.

Grandeur relative de la corolle.

Plus longue, *longior*, que le calice, que les étamines, etc.

Plus courte, *brevior*.

Egale, *æqualis*.

Couleur de la corolle.

Blanche, *alba*.	Azurée, *cyanea*.
Pourpre, *purpurea*.	Verte, *viridis*.
Ecarlate, *coccinea*.	Jaune, *lutea*.
Violette, *violacea*.	Brune, *fusca*.
Bleue, *cærulea*.	Panachée, *variegata*.

SECTION TROISIEME.

ÉTAMINES.

Les étamines, *stamina*, sont les organes mâles des végétaux et par cela même une partie essentielle de la fleur. L'étamine est souvent composée de trois parties. 1°. Le *pollen*, poussière fécondante ; 2°. l'*anthère*, sachet contenant le pollen ; 3°. le *filet*, servant de support à l'anthère. L'anthère et le pollen existent dans les fleurs pourvues du sexe masculin ; le filet manque quelquefois.

Nombre des étamines.

Nota. Il ne faut pas confondre ces définitions avec celles de Linnæus. Nous considérons ici le nombre des étamines ; abstraction faite des systêmes.

Monandres, *monandra*, du grec *monos*, un, et *aner, andros*, homme, fleur à une seule étamine ; l'arbre à pin, quelques salicornes.

Diandres, *diandra*, fleur à deux étamines ; le jasmin, la véronique, la sauge.

Triandres, *triandra*, trois étamines ; l'iris, le blé, l'avoine.

Tétrandres, *tetrandra*, quatre étamines ; le plantain, l'ortie, la plupart des labiées.

Pentandres, *pentandra*, cinq étamines ; la bourrache, le tabac, le persil et autres ombellifères.

Hexandres, *hexandra*, six étamines ; le lis, le muguet, l'oseille.

Heptandres, *heptandra*, sept étamines ; le marronnier d'Inde.

Octandres, *octandra*, huit étamines ; le chêne, la capucine, le blé sarrasin.

Ennéandres, *enneandra*, neuf étamines; le laurier, la mercuriale, la rhubarbe.

Décandres, *decandra*, dix étamines; l'œillet, la fraxinelle.

Dodécandres, *dodecandra*, douze étamines; le noyer, le réséda.

Icosandres, *icosandra*, ayant à peu près une vingtaine d'étamines; le rosier, le fraisier.

Nota. Il faut observer que l'icosandrie de Linnæus ne comprend que les plantes dont les étamines au nombre de vingt environ sont attachées sur le calice.

Polyandres, *polyandra*, ayant vingt étamines et plus; la renoncule, la myrte, le pavot.

Nota. A la rigueur, une plante est polyandre toutes les fois qu'elle a plus d'une étamine; mais Linnæus range dans sa polyandrie les plantes hermaphrodites ayant vingt étamines et plus attachées dessous l'ovaire.

Grandeur relative des étamines.

Egales, *æqualia*, les unes aux autres; le tabac, la bourrache.

Inégales, *inæqualia*; la sauge et autres labiées.

Nota. Il faut considérer encore si les étamines sont égales, plus longues, ou plus courtes que le périanthe et que ses divisions.

Didynames, *didynama*, du grec *dis*, deux, et *dunamis*, puissance. Ce mot n'est employé que lorsqu'il y

. quatre étamines disposées en deux paires, et que l'une des paires excède l'autre en longueur ; il faut de plus que la corolle soit monopétale et irrégulière ; la lavande, le thym et toute la didynamie de Linnæus.

Tétradynames, *tetradynama*, des mots grecs *tetra*, quatre, et *dunamis*, puissance. Ce mot n'est employé que lorsque, dans une fleur à quatre pétales, il y a six étamines, dont deux opposées sont plus courtes que les autres ; le chou et autres plantes crucifères rangées dans la tétradynamie de Linnæus.

Situation des étamines.

Epipétales, *epipetala*, lorsque les étamines sont attachées sur la corolle ; la véronique, le jasmin, cinq des dix étamines de l'œillet.

Périgynes, *perigyna*, lorsqu'elles sont attachées sur la paroi interne du périanthe simple ou du calice du périanthe double ; le narcisse, le myrte, le grenadier.

Epigynes, *epigyna*, lorsqu'elles sont fixées sur l'ovaire même ; le persil, la carotte et autres ombellifères.

Hypogynes, *hypogyna*, lorsqu'elles sont attachées au fond du réceptacle sous l'ovaire ; la renoncule, le blé.

Opposées, *opposita*, aux divisions du périanthe simple ou double, c'est-à-dire, placées vis-à-vis ses divisions ; le lis, le mouron rouge.

Alternes, *alterna*, avec les divisions du périanthe, c'est-à-dire, placées entre ces divisions ; la bourrache, le persil.

Contiguës, *contigua*, par leurs bases, c'est-à-dire, se touchant par ce point ; la bourrache.

Ramassées, *glomerata*, lorsque les étamines sont nombreuses et réunies confusément ; la renoncule, l pavot, le myrte.

Distantes, éloignées, *distantia* ; la sariette.

Divergentes, *divergentia*, le lycopus.

Imbriquées, *imbricata*, alors le filet manque, et les anthères se recouvrent comme les tuiles d'un toît ; le tulipier de la Virginie, le magnolia.

Saillantes, *exerta*, lorsque les étamines dépassent en longueur le périanthe, elles sont dites saillantes ; le liciet, la germandrée.

Non saillantes, *non exerta*, *inclusa*, renfermées dans le périanthe et ne paroissant pas au dehors ; le jasmin, le lilas, la lavande, le bonduc.

Droites, *erecta*, dans la direction de l'axe de la fleur ; la tulipe, le lis.

Redressées, *assurgentia*, lorsqu'elles s'élèvent en formant une courbure ; le marronnier, l'amaryllis.

Recourbées, *incurva*, courbées vers le centre de la fleur ; les labiées.

Rabatues en dehors, *reflexa*, lorsque les étamines retombent hors du périanthe ; le lis des incas, ou l'alstroemeria pelegrina.

En spirale, *spiraliter contorta*, roulées en tire-bourre.

Connexion ou réunion des étamines.

Monadelphes, *monadelpha*, du grec *monos*, seul, et *adelphos*, frère. On dit les étamines monadelphes, lorsqu'elles présentent un seul groupe par la réunion des filets : elles forment alors un tube, qui est urcéolé, *urceolatus*, dans l'aquilicia ; cylindrique, *cylindricus*, dans l'azedarach, ou *melia*,

et plusieurs malvacées ; denté , *dentatus*, dans l'azedarach ; en colonne , *columnaris*, dans la mauve , etc.

Diadelphes , *diadelpha* , du grec *dis* , deux , et *adelphos* , frère , lorsque les étamines sont réunies par
leurs filets en deux groupes ; le pois , le haricot.

Polyadelphe , *polyadelpha* , lorsque les étamines sont
réunies par leurs filets en plusieurs groupes ; le
citronnier , le cacao.

Syngénésiques, *syngenesica* , du grec *syn* , ensemble ;
et *genesis* , génération ; les étamines sont syngénésiques lorsque leur réunion a lieu par les anthères , et non par les filets qui restent libres ; la
reine marguerite , le chardon , le pissenlit et autres
fleurs composées.

Gynandres, *gynandra* , du grec *gunè* , femme , et de
aner , *andros*, homme. Les étamines sont gynandres
lorsqu'il y a union entre elles et le pistil ; l'aristoloche.

FILET.

Le filet , *filamentum* , est le support de
l'anthère. Il est ordinairement grêle ; tantôt
il part du fond du réceptacle ; tantôt de la
paroi interne du périanthe ; tantôt de l'ovaire
mème ; il manque quelquefois.

Forme du filet.

Pétaloïde , *petaloidœum* , lorsqu'il se dilate comme
un pétale ; le canna indica.

En écaille , *squamiforme* , en forme d'écailles de
poisson.

Plane , *planum* , le scilla ; le badian ou *illicium*.

En coin, cunéiforme, *cuneiforme*, large et obtus à son sommet, rétréci insensiblement vers sa base terminée par un angle aigu.

En massue, en massette, *claviforme*.

En alène, subulé, *subulatum*, alongé, aplati, étroit, rétréci de la base au sommet, terminé en pointe; la scille.

Linéaire, *lineare*, en fil aplati.

En glaive, *anceps*, alongé, étroit, à bord tranchant, à sommet aigu.

Cylindrique, *cylindricum*.

En soie, sétacé, *setaceum*, en filet roide, grêle, aigu comme une soie de cochon.

Capillaire, *capillare*, délié comme un cheveu; la corète ou *corchorus*, le plantain.

Appendiculé, *appendiculatum*, ayant un appendice, espèce de prolongement qui semble moins faire partie d'un organe qu'y avoir été ajouté après coup; la bourrache.

Forme de la base du filet.

Dilaté, *dilatatum;* la campanule, la mandragore, l'ornitogale.

Concave, *concavum*, la cavité est souvent remplie par un nectar.

Voûté, *fornicatum ;* la campanule, l'asphodèle.

Sommet du filet.

Aigu, *acutum*.

Obtus, *obtusum*.

Échancré, *emarginatum*, lorsque le sommet offre un angle arrondi et rentrant, semblable à une entaille.

Bidenté, *bidentatum*, à deux dents; la brunelle.

Tridenté , *tridentatum* , quelques aulx.

Sans anthère, *castratum* ; la gratiole a un filet dépourvu d'anthère.

Poils ; le filet est :

Pubescent , *pubescens* , lorsqu'il est couvert d'un duvet court , fin et léger.

Velu , *villosum* , les poils sont alors moux , longs , rapprochés , indistincts ; le lycium.

Barbu , *barbatum* , chargé sur quelques parties seulement de poils nombreux ; le bouillon blanc , le tradescantia.

Mobilité des filets.

Elastique , *elasticum* , susceptible de se redresser avec force au moment de l'épanouissement , comme un arc que l'on débande tout à coup ; l'ortie.

Irritable , *irritabile* , susceptible de se mouvoir au tems de la fécondation , sans qu'on puisse attribuer ces mouvemens à une force mécanique ; l'épine vinette.

ANTHÈRE.

L'anthère , *anthera* , est une petite bourse membraneuse contenant le pollen avant la fécondation. Elle a presque toujours deux loges, rarement une ou quatre, jamais davantage ; elle s'ouvre par des trous ou des valves au tems de la fécondation , et laisse échapper le pollen. Elle est ordinairement portée sur un support qui est le filet; quelquefois elle n'a pas de support, et elle part immédiatement du réceptacle de la fleur de la paroi interne du périanthe, ou de la superficie du pistil. L'anthère ne manque jamais dans les fleurs pourvues d'étamines.

Attache de l'anthère.

Sessile, *sessilis*, sans filet ; l'aristoloche.

Adnée, *adnata*, faisant corps avec le filet ; la soldanelle des Alpes, le tulipier de la Virginie, le cabaret.

Latérale, *lateralis*, lorsque le filet se prolonge au delà de l'anthère qui alors est attachée sur son côté.

Terminale, *terminalis*, située à l'extrémité supérieure du filet.

Direction.

Verticale, *verticalis*, parallèle à l'axe de la fleur ; la tulipe.

Oblique, *obliqua*, relativement à l'axe.

Tombante, *incumbens*, sur le filet ; anthère attachée par le dos, et dressée de telle manière que la pointe inférieure touche le filet ; le cornouiller, l'onagre.

Horisontale, *horizontalis*, relativement au filet ; le lis, les graminées.

Vacillante, versatile, *versatilis*, horisontale, mais si foiblement attachée par son milieu sur le filet qu'elle est sans cesse vacillante ; le lis.

Pendante, *pendula*, lorsqu'étant attachée par son extrémité inférieure, son sommet retombe directement vers la terre.

Forme

Forme.

Difforme, *difformis*, de forme singulière, bizarre, peu commune ; la bryone, le potiron.

Globuleuse, *globulosa* ; la corète ou *corchorus*, le tilleul.

Didyme, *didyma*, à deux loges globuleuses réunies par un point de leur périphérie ; la mercuriale, l'euphorbe, l'anserine.

Ovoïde, ovale, *ovoidea* ; le fuchsia, l'hyobanche.

Oblongue, *oblonga* ; le ledum.

Linéaire, *linearis* ; le magnolia.

Sagittée, *sagittata*, en forme de fer de flèche ; le safran.

En cœur, *cordata*.

En rein, *reniformis*.

En croissant, en demi-lune, *lunata*, *lunulata* ; le fraisier, le rhexia.

En bouclier, peltée, *peltata* ; l'if.

En crète, *cristata* ; l'erica triflora.

Aiguë, *acuta*.

Tronquée, *truncata*, comme si son sommet ou sa base avoit été coupé brusquement.

Echancrée, *emarginata*.

Bifide, *bifida*, faisant la fourche ; l'avoine et les autres graminées.

Bicorne, *bicornis*, formant deux cornes par la divergence des loges, terminées en pointes ; la bruyère.

Appendiculée, *appendiculata*, ayant un prolongement quelconque qui semble comme additionnel à cet organe ; la dianelle, le laurier rose.

Aristée, *aristata*, munie d'une ou plusieurs arêtes : l'airelle ou *vaccinium myrtillus* a deux arêtes.

Droite, *recta*, sans sinuosité. Il ne s'agit pas ici de

la direction de l'anthère, mais de sa forme; la tulipe.

Arquée, *arcuata.*

En spirale, *spiraliter contorta;* la chirone.

Comprimée, *compressa,* aplatie; l'iris.

Cylindrique, *cylindrica.*

Anguleuse, *angulosa;* les anthères du cercodea qui sont tétragones.

Sillonnée, *sulcata.*

Proportion. L'anthère est :

Plus courte que les filets, *filamentis brevior.*

De la longueur des filets, *filamentorum longitudine.*

Plus longue que les filets, *filamentis longior.*

Superficie de l'anthère.

Unie, *lœvis.*

Pointillée, *punctata.*

Raboteuse, rude, *aspera.*

Glabre, *glabra.*

Pubescente, *pubescens.*

Barbue, *barbata,* chargée de poils dans une partie quelconque; la pédiculaire, l'acanthe.

Glanduleuse, *glandulosa.*

Visqueuse, *viscosa, glutinosa.*

Situation mutuelle des anthères.

Rapprochées, *conniventes,* les unes des autres; le tabac, le cyclamen, la clandestine, le mufle de veau.

Cohérentes, *cohærentes,* tenant les unes aux autres soit par un gluten, soit par des poils croisés.

Loges. L'anthère est :

Uniloculaire, *unilocularis*, à une loge ; le polygala, le potiron.

Biloculaire, *bilocularis*, à deux loges.

Quadriloculaire, *quadrilocularis*, à quatre loges.

Stérile, *sterilis*, cinq des six étamines du bananier.

Fertile, *fœcunda*, remplie de pollen.

Défleurie, *deflorata*, son état après l'émission du pollen.

Ouverture des loges.

Par le sommet, *apice ;* dans ce cas, le sommet des loges se perce ou se fend ; la pomme de terre, la bruyère.

Par les côtés, *lateribus*, les loges s'ouvrent alors dans leur longueur ; le lis.

Transversalement, *transversim*, elles se fendent dans une direction horisontale, et s'ouvrent comme une boîte à savonnette.

Du sommet à la base, *a basi ad apicem ;* elles s'ouvrent par le moyen d'un opercule qui se détache en partie ; l'épine vinette.

POLLEN.

Le pollen, *pollen*, est une poussière très-fine renfermée dans les loges des anthères avant la fécondation. Chaque grain de cette poussière est un petit sac membraneux contenant le fluide fécondant.

Couleur du pollen. Il est :

Verd d'eau, *glaucum ;* quelques iris.

Blanchâtre, *albidum.*

Jaune, *flavum.*

Soufré, *sulphureum.*

Safrané, *croceum.*

Orangé, *aurantiacum.*

Forme du pollen vu au microscope.

Globuleux, sphérique, *sphæricum.*

Ovale, *ovatum.*

Oblong, *oblongum.*

Cylindrique, *cylindricum.*

En rein, *reniforme ;* le narcisse.

Anguleux, *angulosum ;* le violette odorante.

Aglutiné, *aglutinatum ;* l'orchis.

Lisse, uni, *læve, glabrum.*

Ridé, chagriné, *rugosum.*

Réticulé, *reticulatum.*

Tuberculé, *echinatum ;* l'hélianthus annuus.

SECTION QUATRIEME.

PISTIL.

Le pistil, *pistillum*, est l'organe femelle des végétaux ; il est ordinairement placé au centre de la fleur. On y distingue souvent trois parties, savoir : 1° l'ovaire qui contient les ovules ; 2° le style, prolongement de l'ovaire s'élevant au dessus de lui ; 3° le stigmate, qui termine le style et reçoit le pollen des étamines; le style manque quelquefois, et le stigmate, qui ne manque jamais, est alors immédiatement placé sur l'ovaire.

OVAIRE.

L'ovaire, *germen*, *ovarium*, partie inférieure du pistil, est comparable à l'ovaire des animaux. Il renferme une ou plusieurs ovules, jeunes graines attachées par leurs cordons ombilicaux dans la cavité intérieure, qui souvent est divisée en plusieurs loges par des cloisons plus ou moins nombreuses. L'ovaire met les graines à l'abri jusqu'au tems de la maturité; il élabore les fluides nutritifs qui servent à les développer.

Nombre.

Unique, *unicum*, lorsqu'il n'y a qu'un seul ovaire dans une fleur; de là, fleur monogyne, *flos monogynus*, du grec *monos*, un, et *gunè*, femme; le pavot.

Multiple, *multiplex*, lorsqu'il y a plusieurs ovaires dans une fleur: de là, fleur digyne, trigyne, polygyne, etc., *digynus*, *trigynus*, *polygynus*.

Nota. Il faut observer que Linnæus, dans l'établissement de ses ordres, a considéré souvent le nombre des styles, en sorte que telle plante à un seul ovaire, mais à deux styles, est pour lui de la digynie, etc.

Disposition des pistils.

En faisceau , *fasciculatum.*

Divergent , *divergens ;* le flûteau.

En globe, en tête , *capitatum , globosum ;* le platane.

Union de l'ovaire et du périanthe ; l'ovaire est :

Non adhérent , libre , supérieur , *non adhærens , supe-rum* , lorsque l'ovaire n'a aucune adhérence avec le périanthe , et n'est attaché à la fleur que par sa base ; le pavot, le lis.

Demi-adhérent , demi-supérieur , *semi-adhærens , semi-superum* , lorsque l'ovaire fait corps avec le périanthe par sa partie inférieure , et en est dégagé par son sommet, en sorte qu'on ne peut dire ni qu'il est inférieur , ni qu'il est supérieur.

Adhérent , inférieur , *adhærens , inferum* , lorsque l'ovaire, enveloppé par le périanthe et faisant corps avec lui , est couronné par le limbe , en sorte qu'il semble être inférieur ; le pommier , le poirier , le narcisse.

Position.

Central , *centrale* , lorsqu'il est placé absolument au centre de la fleur ; l'œillet , l'oranger , la tulipe.

Excentrique , *excentrale,* lorsqu'il n'est pas au centre ; la capucine.

Sessile , *sessile* , lorsqu'il est posé sur le réceptacle sans aucun intermédiaire ; la belladone.

Stipité , *stipitatum,* lorsque l'ovaire, rétréci à sa base, semble avoir un support particulier ; les légumi-neuses , le pavot , le caprier , la grenadille.

Structure intérieure de l'ovaire.

Uniloculaire , *uniloculare* , lorsque la cavité intérieure

de l'ovaire n'étant partagée par aucune cloison , ne présente qu'une loge ; le noyer , l'œillet , le noisettier.

Biloculaire , *biloculare* , lorsque la cavité est partagée en deux loges par une cloison particulière , ou par la saillie que forment quelques parties internes ; la jusquiame , la giroflée.

Triloculaire , *triloculare* , à trois loges ; l'euphorbe.

Quadriloculaire , etc. etc.

Multiloculaire , *multiloculare* , à plusieurs loges ; l'oranger.

Nota. Voyez pour connoître la forme extérieure de l'ovaire , ce qui est dit à l'article du péricarpe.

S T Y L E.

Le style, *stylus*, est un prolongement de l'ovaire , partant ordinairement de son sommet et quelquefois de son côté ou de sa base ; il s'en distingue , parce qu'il est toujours plus grêle. Le style porte une ou plusieurs stigmates.

Il y a des pistils privés de style ; il y en a d'autres qui en ont plusieurs.

Nombre.

Unique , *unicus* , lorsqu'il n'y a qu'un style dans une fleur ; de là, fleur monostyle, *flos monostylus*; la belladone , l'oranger.

Multiple, *multiplex*, lorsqu'il y a plusieurs styles dans

une fleur ; de là, fleur distyle, *flos distylus*; l'œillet ; fleur polystyle , *flos polystylus* ; le rosier.

Situation.

Terminal , *terminalis* , situé au sommet de l'ovaire ; l'oranger , la tulipe.

Latéral , *lateralis* , partant de son côté ; le passerina , l'épimède , le rosier.

Partant de la base, *basilaris*; le fraisier, la bourrache, l'alchimilla.

Proportion.

Plus court , *brevior* , que les étamines , que la corolle , etc.

De la longueur des étamines , etc. , *longitudine staminum* , etc.

Plus long , *longior* , que les étamines , etc.

Non saillant , *non exsertus*, *inclusus* ; ne s'élevant pas au dessus du périanthe.

Saillant , *exsertus* , s'élevant au dessus de l'orifice, ou des divisions du périanthe ; la véronique.

Forme.

Cylindrique , *teres*.

Filiforme , *filiformis*.

Capillaire, *capillaris*.

En alène , *subulatus*.

Ailé , *alatus*.

Triangulaire , *triangularis* ; le pois.

Tétragone , *tetragonus*.

En glaive , *ensiformis*.

En massue , *clavatus* ; le leucoïum vernum.

Conique , *conicus* ; le lecythis.

Surface.

Pubescent, *pubescens.*
Velu, *villosus.*
Glanduleux, *glandulosus*, etc.

Direction.

Vertical, *verticalis*, relativement à l'ovaire ; le
tabac.
Droit, *rectus*, n'ayant aucune flexion, aucune cour-
bure ; le lis, le tabac.
Arqué, *arcuatus* ; les labiées.
Redressé, *assurgens*, s'élevant en décrivant une cour-
bure ; le pois, le haricot, l'amaryllis.
En spirale, *spiraliter contortus*, roulé en tirebourre ;
le glycine.
Courbé en dedans, *incurvus* ; l'œillet.
Courbé en dehors, *reflexus ;* la nigelle.

Division. Le style est :

Simple, *simplex*, lorsqu'il ne présente aucune division ; l'oignon, la belle de nuit.
Fourchu, bifide, *bifidus*, lorsqu'il est partagé en deux
à sa partie supérieure ; l'anserine, la salicorne.
Trifide, *trifidus*, lorsqu'il est partagé en trois à sa
partie supérieure.
A deux divisions, *bipartitus* ; il y a division lorsque
la séparation se prolonge au delà de la moitié du
style ; le limeum.
A trois divisions, *tripartitus.*
Dichotome, *dichotomus*, lorsque le style étant fourchu, chaque branche de la fourche principale est
elle-même divisée en deux ; le caturus.

Durée.

Fugace, tombant, *deciduus*, lorsqu'il se détruit après la fécondation, en sorte qu'on n'en retrouve plus de vestige sur l'ovaire changé en fruit ; le prunier, la scille.

Persistant, *persistens*, lorsqu'il se durcit après la fécondation, et reste fixé sur le fruit, dont il devient une sorte d'appendice ; l'ornitogale.

STIGMATE.

Le stigmate, *stigma*, existe dans tous les pistils. Lorsqu'il y a un style, il est ordinairement placé à son sommet ; lorsqu'il n'y en a pas, il est ordinairement posé au sommet de l'ovaire. Il est formé par l'extrémité de quelques vaisseaux partant des cordons ombilicaux, et aboutissant à la superficie du pistil ; il est souvent charnu et mamelonné. Il reçoit la poussière fécondante : c'est par son entremise que s'opère la fécondation.

Nombre.

Unique, *unicum*, lorsque le pistil n'a qu'un stigmate ; la tulipe.

Double, *duplex*, lorsqu'il y a deux stigmates ; le blé.

Triple, *triplex*, etc.; l'iris.

Multiple, *multiplex*, lorsqu'il y a plusieurs stigmates ; la mauve.

Situation.

Sessile, *sessile*, il repose alors sur l'ovaire, et il n'y a pas de style ; le pavot.

Latéral, *laterale*, il est placé sur le côté du style ou
de l'ovaire ; le scheuchzeria.

Terminal, *terminale*, lorsqu'il est placé absolument
à l'extrémité du style ; le lis, la belle de nuit.

Substance.

Charnu, *carnosum*, lorsqu'il est épais, ferme et
succulent ; le lis.

Glanduleux, *glandulosum*.

Membraneux, *membranaceum*.

Pétaloïde, *petaloïdeum*, d'une substance semblable à
celle des pétales ; l'iris.

Forme.

Simple, *simplex*, quand il ne se distingue par aucun
caractère saillant, et que n'étant qu'un point, il
se confond avec le sommet aigu du style ; l'œillet.

Filiforme, capillaire, *filiforme, capillare*, grèle, égal
dans sa longueur comme un fil ou un cheveu.

En alène, *subulatum*, grèle et s'amincissant de la
base au sommet, qui se termine par une pointe
aiguë.

Linéaire, *lineare*, étroit et égal comme une ligne.

Aigu, *acutum*.

Obtus, *obtusum;* le solanum, l'alkékenge, le chou.

En hameçon, *hamosum*, aigu et courbé au sommet à
la manière d'un hameçon; le lantana.

Crochu, *recurvum*, formant comme un crochet ; le
bagnaudier.

Hémisphérique, *hemisphœricum*.

Orbiculaire, *orbiculatum*, le pourtour est arrondi,
le sommet est plane; l'épine vinette.

Globuleux, en tête, *globulosum, capitatum;* l'hot-
tonia ou plumeau.

Ovale, ovoïde, *ovatum*.

En massue, *claviforme;* le luffa, le quinquina.

Oblong, *oblongum*.

Turbiné, *turbinatum*, en cône renversé.

Tronqué, *truncatum*, se terminant brusquement, comme s'il avoit été tronqué.

Cylindrique, *cylindricum*.

Anguleux, *angulatum*.

Trigone, *triquetrum*, *trigonum*, à trois angles et à trois faces planes; le peganum.

Tétragone, *tetragonum;* le ludwigia.

Pelté, pavoisé, en bouclier, *peltatum*, lorsqu'il présente un large disque, fixé sur le style ou sur l'ovaire par son centre; le pavot, le nénuphar.

Etoilé, rayonnant, *stellatum*, *radiatum*, large, orbiculaire, marqué de rayons qui vont du centre à la circonférence; le pavot, le flacurtia ou ramontchi.

Ombiliqué, *umbilicatum*, creusé en entonnoir à son centre; l'amandier.

Concave, *concavum;* la violette.

Echancré, *emarginatum*, ayant un sinus à son sommet; le tabac.

Crenelé, *crenatum*, ayant à son pourtour des angles saillans et rentrans arrondis.

Ondulé, plissé, *undulatum, plicatum;* le podophyllum.

Plumeux, *plumosum*, garni dans sa longueur de poils comparables aux barbes d'une plume; le lechea, le blé.

Direction.

Droit, *rectum*, lorsque sa direction est la même que celle de l'axe de la fleur.

Oblique, *obliquum*, lorsque sa direction s'écarte de celle de l'axe de la fleur ; l'actæa.

Flexueux, *flexuosum*, formant plusieurs sinuosités régulières dans un même plan.

Tors, *contortum*, formant des sinuosités souvent irrégulières dans des plans différens.

Courbé en dedans, *incurvum*, lorsqu'il se recourbe vers le centre de la fleur ; le fontanesia.

Roulé en dedans, *convolutum*, lorsqu'il se roule sur lui-même vers le centre de la fleur ; le safran.

Courbé en dehors, *reflexum*, lorsque sa courbure l'éloigne du centre de la fleur ; les euphorbes, le blé.

Roulé en dehors, *revolutum*, lorsque sa courbure tend à l'éloigner du centre de la fleur ; le pissenlit.

Pendant, *cernuum*, *nutans*.

Superficie.

Glabre, *glabrum* ; sans poil, sans duvet.

Lisse, uni, *læve*.

Ridé, chagriné, *rugosum*.

Strié, sillonné, *striatum*, *sulcatum* ; le datura stramonium ; la belladone.

Barbu, velu, *barbatum*, *villosum*.

Appendiculé, *appendiculatum* ; la pervenche.

Sec, *siccum*.

Humecté, *humidum* ; visqueux, *viscosum*.

Division.

Fourchu, bifide, *bifidum* ; le bixa ou rocou, le jasmin.

Trifide, *trifidum* ; la tubéreuse.

Multifide, *multifidum* ; le safran.

Bilobé, *bilobatum* ; le martynia.

Trilobé, *trilobatum* ; la tulipe.

Bilabié , *bilabiatum*, à deux lèvres ; la gratiole , la grassette.

En pinceau , *penicilliforme*, divisé en une multitude de petits filets ou poils, semblable à un pinceau ; la pimprenelle.

Couleur.

Blanc , *album.*

Purpurin , *purpureum.*

Violet , *violaceum.*

Jaunâtre , *croceum* , *luteum.*

Verdâtre , *subviride.*

SECTION CINQUIEME.

Des bractées, des involucres, des spathes, des glumes et des bâles considérés comme accessoires de la fleur.

BRACTÉES.

Les bractées, *bracteæ*, sont de petites feuilles placées au voisinage des fleurs, et qui diffèrent toujours un peu des autres feuilles, soit par leur couleur, soit par leur forme, soit par leur consistance.

B. nées du pédoncule , *pedunculares.*

B. nées du calice, ou calicinales, *calicinæ.*

B. en forme de calice , *caliciformes.*

B. en forme d'écaille , *squamiformes.*

Nota. Les bractées étant des feuilles florales, on peut leur appliquer les mêmes épithètes qu'aux feuilles et aux stipules. Voyez l'article *feuilles* et *stipules*.

INVOLUCRE ET INVOLUCELLE.

L'involucre, ou collerette, *involucrum*, est une foliole florale, ou un assemblage de folioles florales placées à la base de plusieurs fleurs. Les folioles situées à la base d'une ombelle, forment un involucre. Voyez la famille des ombellifères. Ce que les botanistes appellent *calice commun* dans les fleurs composées, n'est encore autre chose qu'un involucre.

L'involucelle, *involucellum*, est un diminutif qui sert à qualifier l'involucre placé à la base de l'ombellule, portion de l'ombelle générale. Voyez encore les ombellifères.

Monophylle, *monophyllum*, formé d'une seule foliole.

Polyphylle, *polyphyllum*, formé de plusieurs folioles.

En calice, *caliciforme*, en forme de calice.

Complet, *completum*, lorsqu'il fait le tour de la tige.

Incomplet, unilatéral, *dimidiatum*, lorsqu'il naît d'un seul côté ; l'œthusa cynapium.

SPATHE.

La spathe, *spatha*, est une enveloppe

membraneuse ou foliacée, et même quelquefois ligneuse, d'abord parfaitement close, et contenant une ou plusieurs fleurs, qui ne se montrent qu'après sa rupture ou son déroulement.

Commune, *communis*, on sous-entend à plusieurs fleurs.

Particulière, *partialis* : cela suppose que cette spatho est avec plusieurs autres renfermée dans une spathe commune.

En cornet, *cucullata*, roulée sur elle-même ; l'arum maculatum.

En tube, tubulée, *tubulata*.

Univalve, *univalvis*, d'une pièce ; l'arum, le dattier.

Bivalve, *bivalvis*, de deux pièces, etc.; l'ail, l'areca.

Uniflore, *uniflora*, n'enveloppant qu'une fleur ; le narcisse des poëtes.

Biflore, *biflora*.

Multiflore, *multiflora*; l'ail.

Pétaloïde, *petaloïdea*, de la nature des pétales ; l'arum.

Foliacée, herbacée, *foliacea*, *herbacea*, de la nature des feuilles.

Scarieuse, *scariosa*, membraneuse, sèche et semblable à du parchemin.

Ligneuse, *lignosa*, semblable à du bois ; le dattier.

Tombante, *decidua*, tombant avec la fleur.

Marcescente, *marcescens*, c'est-à-dire, flétrie ; mais cette expression donne à entendre que, quoique flétrie, la spathe ne se détache point.

Persistante, *persistens*, accompagnant le fruit dans sa maturité.

GLUME.

GLUME.

On donne le nom de glume, *gluma* (*calix* Lin.), aux petites écailles ou paillettes qui environnent les fleurs des graminées. Elle renferme la bâle, enveloppe immédiate des organes de la génération.

Commune, *communis*.

Particulière, *partialis*.

Uniflore, *uniflora*; l'orge.

Biflore. *biflora*; la canche ou l'aira, le seigle.

Triflore, *triflora*, etc. l'ægilops.

Multiflore, *multiflora*; le froment.

Vuide, *vidua*.

Univalve, *univalvis*, lorsque la glume est formée par une seule écaille; l'ivraie, la rotbolle.

Bivalve, *bivalvis*, à deux écailles; la plupart des graminées.

Trivalve, *trivalvis*, à trois écailles; le panic.

Garnie d'une ou de plusieurs arêtes, *aristata;* l'avoine.

Sans arête, *mutica*; le poa, l'uniola.

BALE.

J'appelle bâle, *bala* (*corolla*, Lin. *calix*, Juss.), les petites écailles qui recouvrent immédiatement les organes sexuels des graminées. La bâle ne contient jamais qu'une fleur; on peut lui appliquer les mêmes épithètes qu'à la glume.

ARÊTE

Considérée comme appendice de la glume ou de la bále.

L'arête, *arista*, est un filet grèle, sec, plus ou moins roide, qui termine souvent les glumes et les bâles.

Terminale, *terminalis*, partant du sommet.

Dorsale, *dorsalis*, partant du dos.

Droite, *recta*, sans flexion dans sa longueur.

Recourbée, *recurva*.

Géniculée, *geniculata*, formant des angles en genou.

Torse, *contorta*.

Glabre, *glabra*, ou sans poils.

Velue, pubescente, *villosa*, *pubescens*.

Plumeuse, *plumosa*, garnie de barbes comparables à celles d'une plume.

Nota. L'article des feuilles indique les autres épithètes qu'on peut employer.

SECTION SIXIEME.

Des pédoncules.

Le pédoncule, *pedunculus*, est une ramification de la plante, qui porte une ou plusieurs fleurs.

Situation.

Radical, *radicalis*, partant de la racine : alors le pédoncule et la hampe ne sont souvent qu'un seul et même organe : le colchique.

Caulinaire, *caulinus*, partant de la tige.

Des rameaux, *rameus*.

Du pétiole, *petiolaris*.

De la feuille, *foliaris* ; le ruscus.

Axillaire, *axillaris*, partant de l'aisselle des feuilles ; le mouron, les labiées.

Extra-axillaire, *extra-axillaris*, le long des tiges et des rameaux, mais non dans l'aisselle des feuilles.

Terminal, *terminalis*, à l'extrémité des tiges ou des rameaux ; la tulipe.

Composition. Le pédoncule est :

Simple, *simplex*, non rameux.

Composé, *compositus*, rameux.

Commun, *communis*, portant plusieurs fleurs.

Secondaire, *secundarius*, première division d'un pédoncule rameux.

Tertiaire, *tertiarius*, seconde division d'un pédoncule rameux.

Particulier, pédicelle proprement dit, *pedicellus*, dernière division d'un pédoncule composé.

Nombre des pédoncules.

Solitaire, *solitarius* ; la tulipe.

Geminés, jumeaux, *gemini*, deux à deux.

Ternés, *terni*, trois à trois.

Nombre des fleurs.

Uniflore, biflore, etc. *uniflorus*, *biflorus*, etc.

Nota. Semblable à la tige pour les autres caractères.

N 2

SECTION SEPTIEME.

Disposition des fleurs sur la plante.

SPADICE.

Le spadice, *spadix*, est un assemblage de pistils et d'étamines, souvent sans calice, ni corolle, disposés sur un réceptacle commun, et entourés d'une spathe partant de la base du réceptacle.

Simple, *simplex*, non rameux; le véritable spadice est toujours tel; le pied de veau.

Rameux, *ramosus;* les palmiers.

Globuleux, *globulosus*, sphérique; quelques pothos.

En œuf ou ovoïde, *ovatus.*

Cylindrique, *cylindricus;* le pied de veau.

Plane, *planus;* le zostera marina.

CHATON. CÔNE.

Le chaton, *amentum*, est un axe alongé, pendant, garni de bractées, dont chacune porte immédiatement une fleur mâle ou femelle, de telle manière qu'en enlevant une bractée, on enlève toujours la fleur incomplette qui est située à sa base et n'a point d'adhérence avec l'axe; le saule, le peuplier, le chêne.

Nota. La nomenclature de l'épi est applicable au chaton.

Le cône, *conus*, *strobilus*, ne diffère du chaton que parce que ses bractées deviennent ligneuses, et que leur réunion forme une sorte de cône; le pin, le sapin.

É P I.

L'épi, *spica*, est un assemblage de fleurs sessiles ou portées sur de courts pédoncules, attachés le long d'un axe commun simple, ou du moins très-peu ramifié. L'épi est presque toujours redressé et à fleurs serrées contre l'axe.

Simple, *simplex*, non rameux; la lavande, le vulpin des prés.

Composé, *composita*, formé d'épillets, ou petits épis attachés sur un axe commun; le froment, l'ivraie.

Digité, *digitata*, composé de plusieurs épis, partant à peu près du même point; le panicum dactylum.

Oblong, *oblonga*, ovale alongé.

Linéaire, *linearis*, alongé et également étroit dans toute la longueur.

Comprimé, *compressa*, aplati sur les côtés.

Cylindrique, *cylindrica*; la fléole des prés.

En série.

Interrompu, *interrupta*; les fleurs sont réunies en groupes séparés les uns des autres; le plantago interrupta.

Serré, *densa*, *conferta*, fleurs serrées contre l'axe; le froment.

Lâche, *laxa*.

N 3

Feuillé, *foliata*, garnie de feuilles.
Redressé, *assurgens*.
Courbé, *curvata*.
Penché, *cernua*.
Pendant, *pendula*, etc.

A X E

Considéré comme partie de l'épi.

L'axe de l'épi, *axis*, *rachis*, est le prolongement du chaume, de la hampe ou du pédoncule, sur lequel sont fixées les fleurs.

Droit, *recta*, sans aucune flexion ; la lavande.
Flexueux, *flexuosa*, en zig zag ; le froment.
Linéaire, *linearis*.
Denté, *dentata*.
Articulé, *articulata*, comme formé de pièces soudées par des articulations ; l'orge.
Trièdre ou triangulaire, *triangularis*, à trois angles saillans.
Membraneux, *membranacea*.

G R A P P E.

La grappe, *racemus*, offre un axe commun portant des pédoncules simples à une seule fleur ; elle est alongée, ordinairement pendante, et ses fleurs sont lâches. Elle diffère peu de l'épi ; le groseillier, le cytise des Alpes ou faux ébénier.

Nota. Le mot grappe ne s'emploie jamais pour caractériser les graminées.

THYRSE.

Dans le thyrse, *thyrsus*, un axe ou pédoncule commun, porte des pédoncules ramifiés, et les fleurs forment des groupes dont l'ensemble est ordinairement ovale et redressé; le lilas, le troëne, le marronnier d'Inde.

PANICULE.

Dans la panicule, *panicula*, l'axe est ramifié comme dans le thyrse; mais les ramifications sont plus longues et sous-divisées en petits groupes; l'avoine, le maïs.

La panicule est :

Terminale, *terminalis*, terminant les tiges ou les rameaux; la rhubarbe.

Axillaire, *axillaris*, naissant dans l'aisselle des feuilles.

Sessile, *sessilis*, n'ayant point de support particulier.

Pédonculée, *pedunculata*, ayant un support particulier.

Pyramidale, *pyramidalis*, large à sa base et se resserrant insensiblement vers le sommet.

Lâche, *laxa*, lorsque les fleurs ne sont pas très-rapprochées les unes des autres.

Serrée, *conferta*, etc.

Nota. Les différences que nous avons exprimées en parlant de la panicule, conviennent également à la grappe et au thyrse.

CORYMBE.

On dit les fleurs en corymbe, *corymbus*, lorsque les pédoncules qui les portent partant de différens points, arrivent à la même hauteur.

Simple, *simplex*, lorsque les pédoncules ne sont point rameux.

Composé, *compositus*, lorsque les pédoncules rameux sont terminés par de petits corymbes dont l'ensemble forme le corymbe général ; les achillées.

OMBELLE.

On peut distinguer dans l'ombelle, *umbella*, l'ombelle vraie et la fausse ombelle. Cette dernière existe lorsque plusieurs pédoncules non rameux partent d'un même point, et arrivent à une même hauteur. L'ombelle vraie est plus compliquée : il faut que les pédoncules, partant d'un même point et s'élevant au même niveau, portent eux-mêmes de petites ombelles ou ombellules, *umbellulæ*, qui toutes arrivent à une hauteur égale. D'ordinaire l'ombelle est munie d'un involucre, et l'ombellule d'un involucelle ; le persil, la carotte, etc.

L'ombelle est :

Terminale, *terminalis* ; le persil, la carotte.

Latérale, *lateralis* ; le caucalis nodiflora.
Nue, *nuda*, sans involucre ; le panais.
Plane, *plana*.
Serrée, *densa*, *conferta*.
Lâche, *laxa* ; étalée.
Convexe, *convexa*, la plupart des ombellifères.
Concave, *concava* ; la carotte dans sa maturité.

C Y M E.

Dans la cyme, *cyma*, les pédoncules partent d'un point commun, comme dans l'ombelle, et se divisent ensuite trois à quatre fois irrégulièrement, en s'élevant à des hauteurs inégales ; le sureau, le cornouiller.

Simple, *simplex*.
Composée, *composita*.

V E R T I C I L L E.

Le verticille, *verticillus*, est un assemblage de fleurs disposées en anneaux autour de la tige ; le basilic, la sarriette et presque toutes les labiées.

Lâche, *laxus*.
Serré, *densus*, *confertus*.
En tête, *globulosus*, *capitatus*.
Feuillé, *foliosus*.
Sans feuille, *aphyllus*.

TÊTE.

Les fleurs en tête, *capitulum*, *cephalan-thus*, sont disposées au sommet des tiges ou des rameaux en forme de globe, et n'ont point de pédoncules particuliers apparens.

Hémisphérique, *hemiphœricum*, en demi-sphère; les scabieuses.

Sphérique, globuleuse, *sphæricum*, *globulosum*; la globulaire.

Avec involucre, *involucratum*; la scabieuse, la globulaire.

Nue, *nudum*, sans involucre ou sans bractées.

Feuillée, *foliosum*, etc.

FLEUR COMPOSÉE.

La fleur composée, *flos compositus*, est un assemblage de petites fleurs fixées immédiatement sur un réceptacle commun, *receptaculum commune*, et environnées d'un involucre, désigné par les botanistes sous le nom de calice commun, *calix communis*.

L'involucre des fleurs composées, considéré comme en faisant partie, est :

Globuleux, sphérique, *globulosum*, *sphæricum*; la bardane.

Hémisphérique, *hemisphæricum*; la marguerite.

Turbiné, *turbinatum*, en poire ou en cône renversé.

Conique, *conicum*, en cône; alors le cône est supposé droit; le seneçon, la jacobée.

Cylindrique, *cylindricum*; l'eupatoire.

Monophylle, *monophyllum*, formé d'une seule foliole; l'œillet d'Inde.

Polyphylle, *polyphyllum*, formé de plusieurs folioles; la plupart des composées.

Simple, *simplex*, composé d'une seule série de folioles; le tussilage, le salsifis.

Double, *duplex*, composé de deux séries; le doronic.

Imbriqué, *imbricatum*, formé de folioles placées en recouvrement les unes sur les autres; le bluet, la scorsonère.

Caliculé, *caliculatum*, ayant extérieurement une seconde série de folioles en forme de calice; le pissenlit.

Scarieux, *scariosum*, membraneux, sec et semblable à du parchemin; la cupidonne, l'immortelle.

Feuillé, *foliosum*, lorsque les écailles ressemblent à des feuilles; le carthame.

Uniflore, *uniflorum*; l'armoselle, le stæbe.

Biflore, *biflorum*.

Triflore, *triflorum*, etc.

RÉCEPTACLE COMMUN

Des fleurs composées, considéré comme en faisant partie.

Plane, *planum*; le soleil.

Concave, *concavum*; l'artichaut.

Convexe, *convexum*.

Conique, *conicum*; le rudbeckia.

Alvéolé, *alveolatum*, creusé d'alvéoles; le pissenlit, l'onoporde.

Nu, *nudum*; la marguerite, la matricaire.

Velu, *villosum*, *pilosum*; le tarchonanthus, l'andryala.

Lanugineux, *lanuginosum.*

Chargé de soies, *setosum*; l'artichaut.

Garni de paillettes, *paleaceum*; la camomille, le zinnia.

FLEUR COMPOSÉE, FLOSCULEUSE.

Elle est formée de petites fleurs ou fleurons, *flosculi*, à corolles monopétales, tubulées, régulières, à limbe en cloche à cinq divisions aigues.

FLEUR COMPOSÉE, RADIÉE.

Elle est composée de fleurons au centre, c'est-à-dire, de petites fleurs à corolles monopétales, régulières, etc., et de demi-fleurons, *semi-flosculi*, à la circonférence, c'est-à-dire, de petites fleurs monopétales irrégulières, prolongées extérieurement en languettes planes qui forment des espèces de rayons; la paquerette.

FLEUR COMPOSÉE, DEMI—FLOSCULEUSE.

Elle est formée entièrement de demi-fleurons; le pissenlit.

Nota. Consultez pour les autres caractères ce qui est dit précédemment sur la disposition des fleurs ; chaque fleur composée doit être considérée comme une seule fleur.

SECTION HUITIEME.

Des fruits et des péricarpes.

Le fruit, *fructus*, est l'ovaire tel qu'il se montre après la fécondation. Il comprend deux parties distinctes : les graines dont nous avons déjà parlé, et leur enveloppe à laquelle on donne le nom de péricarpe, *pericarpium*.

Le péricarpe ne manque dans aucun fruit : il offre toujours une cavité intérieure, quelquefois partagée par des cloisons, *disse-pimenta*, en plusieurs loges, *loculi*, et un ou plusieurs placenta, *placentœ, receptacula seminalia*, parties auxquelles sont attachées les graines.

Il y a cinq espèces de fruits :

La noix, la capsule, le drupe, la baie et le cône.

N O I X (1).

La noix, *nux*, est un fruit contenant une ou plusieurs graines dans un péricarpe sec, ne s'ouvrant point, ayant une ou plusieurs loges.

La noisette, le gland, le fruit du duranta, le blé, le riz, le maïs, les quatre graines de la sauge.

----

(1) Je comprends dans les noix le *cariopse*, l'*akène*, le *polakène* et le *gland*, définis par Richard.

1°. *Cariopse* : fruit indéhiscent et monosperme : amande farineuse, adhérant tellement au péricarpe que son tégument propre se confond avec lui. Il est plus ou

Il y a des noix composées, *nuces compositæ*. Ce sont des fruits qui se partagent en deux ou plusieurs parties au tems de la maturité. Chaque partie peut être considérée comme une petite noix, puisqu'elle est parfaitement close, et qu'elle présente

---

moins dur; l'amande toujours farineuse est monocotyledone : les graminées.

2°. *Akène* : fruit sec, indéhiscent, monosperme ; graine revêtue d'un tégument propre, très-distinct du péricarpe par tout son contour : les fleurs composées.

3°. *Polakène* : fruit ordinairement sec, se partageant en deux ou plusieurs parties closes de toutes parts, au moment de la maturité. Chaque partie peut être considérée comme un akène, puisqu'elle est revêtue d'un tégument propre, distinct du péricarpe : les ombellifères.

Les polakènes de Richard sont ce que je nomme des noix composées.

4°. *Gland* : fruit sec, ordinairement coriace ou ligneux, muni à sa base (le chêne) ou en totalité (le hêtre) d'une enveloppe caliciforme. Le péricarpe est à une ou plusieurs loges confuses, renfermant une ou plusieurs graines dont le tégument propre est distinct de la paroi interne du péricarpe. Tout gland provient d'un ovaire infère. On trouve à son extrémité les vestiges du calice qui ne sont quelquefois apparens qu'au microscope.

un péricarpe bien distinct de la graine qu'il contient. La passe-rose, le lin.

Je comprends sous la dénomination de noix :

1°. La graine nue, *semen nudum*, fruit qui ne renferme qu'une graine adhérente au péricarpe. Ce fruit est ordinairement accompagné du calice, qui fait corps avec lui, comme on peut l'observer dans les ombellifères, ou qui l'entoure sans y adhérer, comme on le voit dans les labiées et quelques borraginées. On sent que le nom de graine nue n'est propre qu'à jeter de la confusion, puisqu'il est en contradiction avec les faits.

2° La samare, *samara*. Gærtner donne ce nom à des fruits comprimés, à une ou deux loges, sans valves, et munis d'ailes sur les côtés, ou terminés par une languette. L'orme, le frêne, le bouleau, l'érable, le tulipier (1).

CAPSULE.

La capsule, *capsula*, est un fruit à une ou plusieurs graines renfermées dans un péri-

______

(1) On dira, peut-être, que je réunis sous une même dénomination des fruits qui n'ont que des rapports fort éloignés; mais j'observe que c'est au bota-

carpe sec, à une ou plusieurs loges, et s'ouvrant à l'époque de la maturité d'une manière déterminée.

On donne le nom de valves, *valvœ*, aux
panneaux dont la réunion forme la capsule,
et qui se désunissent lorsque le fruit est
mûr. Une capsule, qui ne s'ouvre que par
une simple fente ou par un trou, et n'offre
pas au moins deux parties distinctes, est
censée n'avoir point de valves.

On doit ranger parmi les capsules le follicule, le légume, la silique et la coque.

1°. Le follicule, *folliculus*, est une capsule alongée, s'ouvrant par une seule fissure
longitudinale, ne présentant à l'intérieur
qu'une loge, et portant les graines sur un placenta membraneux, qui recouvre d'abord
intérieurement la suture du follicule, et
devient libre lorsque celui-ci s'ouvre.

Le follicule est ordinairement gonflé par
l'air; l'asclépias, le périploca; et quelquefois
il est rempli d'une pulpe qui environne les

---

niste à faire sentir les différentes nuances dans ses
descriptions. Si l'on veut un nom propre pour désigner chaque nuance, on aura une multitude de mots
barbares qui nécessairement dégoûteront de l'étude de
la botanique.

graines;

graines; le tabernæmontana. Cette espèce de capsule appartient à la famille des apocynées.

2°. Le légume ou gousse, *legumen*, est une capsule ordinairement alongée, un peu irrégulière, à deux valves et à deux sutures longitudinales opposées, portant les graines le long d'une des sutures, qui correspond plus directement que l'autre au pédoncule, et qui est un peu plus saillante à l'extérieur.

Lorsque le légume vient à s'ouvrir, les graines restent attachées alternativement à l'une et à l'autre valves (1).

Le légume n'a ordinairement qu'une loge; le haricot, le pois.

Cette espèce de capsule appartient aux végétaux à fleurs papillonacées, et aux autres plantes qui rentrent dans la famille naturelle des légumineuses. Lorsque le fruit des plantes de cette famille s'écarte par quelques caractères, de ceux que nous venons d'indiquer, on ne change point pour cela la

____

(1) J'ai dit, dans ma Physiologie végétale, que le légume s'ouvroit par la suture opposée aux graines, et que l'autre côté des valves ne s'ouvroit pas; cela n'est rigoureusement vrai que pour le premier moment où le légume s'entr'ouvre; car il n'est pas rare qu'ensuite les deux valves se désunissent absolument.

dénomination de légume; mais on la modifie par les épithètes convenables. Exemple :

Légume biloculaire , *biloculare* , cavité intérieure divisée en deux loges; l'astragale.

Multiloculaire, *multiloculare* , cavité intérieure divisée en plusieurs loges ; la sensitive, le tamarinier , la casse.

Articulé , *articulatum* , ayant de distance en distance des articulations ou étranglemens qui divisent le légume en plusieurs loges; l'hedysarum.

Ne s'ouvrant pas, *non dehiscens* , lorsque les valves restent unies comme dans les noix ; le myrospermum.

3° La silique , *siliqua* , est une capsule à deux valves et à deux sutures longitudinales opposées, ayant ses graines attachées alternativement à l'une et à l'autre sutures. Elle est presque toujours partagée à l'interieur en deux loges, par une cloison dont le plan est parallèle à celui des valves.

La silique comprend la silique proprement dite, *siliqua* , et la silicule, *silicula*. La silique est plus longue que large, et contient ordinairement beaucoup de graines; la giroflée. La silicule est plus large que longue, et ne contient souvent qu'une ou deux graines ; le lepidium , l'iberis.

La silique appartient spécialement aux plantes crucifères ; et quand il arrive que cette capsule varie par ses formes extérieures et intérieures, on ne peut alors la reconnoître que par l'inspection de la fleur.

On doit observer que quelquefois les valves de la silicule sont aplaties sur les côtés, et renflées sur le dos, en sorte que l'on seroit tenté de prendre les côtés pour la face du fruit, et de croire que la cloison est opposée aux valves; mais elle est en effet toujours parallèle; le thlaspi bursa pastoris.

4°. La coque, *coccum*, est une capsule à plusieurs loges, offrant à l'extérieur des lobes arrondis très-marqués et très-saillans. Chaque lobe, composé de deux valves cartilagineuses ou osseuses jointes par leurs bords, forme une loge, et est fixé par sa partie postérieure à un placenta central. Le fruit s'ouvre par la séparation des valves de chaque loge : cette séparation s'opère ordinairement avec élasticité, et commence toujours par la partie postérieure des lobes (1).

Le nombre des loges varie. Exemple :

Coque biloculaire, *biloculare*, coque à deux loges; la mercuriale.

Triloculaire, *triloculare*; l'euphorbe.

Quadriloculaire, *quadriloculare*; le jatropha globosa.

_____

(1) Ce fruit est celui que Richard appelle *elatérie.*

Quinquéloculaire , *quinqueloculare ;* le diosma.
Multiloculaire , *multiloculare* ; le hura crepitans.

Nota. Tous les fruits secs , s'ouvrant à l'époque de leur maturité d'une manière déterminée, et qui ne peuvent rentrer dans les quatre espèces indiquées, sont des capsules proprement dites.

D R U P E.

Le drupe , *drupa,* renferme sous une enveloppe charnue , succulente ou coriace, une seule noix souvent à une, et quelquefois à plusieurs loges. On donne le nom de noyau à la noix du drupe; elle est ligneuse et dure; sa superficie a souvent des sutures très-apparentes , qui indiquent la jonction des valves, lesquelles ne se séparent point lors de la maturité; le cerisier , le noyer , le pêcher, l'amandier, le cocotier.

B A I E.

La baie, *bacca,* est composée de plusieurs noix ligneuses, cartilagineuses ou osseuses , recouvertes d'une enveloppe charnue ou succulente ; la vigne , le groseiller , le pommier.

Il y a des baies drupacées, *baccæ drupaceæ;* ce sont celles qui, n'étant point couronnées par le calice, ont intérieurement plusieurs noix, disposées symétriquement en une seule série autour de l'axe central ; le bassia, le sapotillier (1).

Il y a des baies pomacées ou fruit en pomme, *baccæ pomaceæ, pomæ* ; ces baies sont couronnées par les dents du calice transformé en péricarpe, et ont leurs graines dans des noix, des loges ou des cavités placées autour de l'axe central du fruit ; le pommier, le poirier, le néflier, le potiron (2).

Quelques botanistes donnent le nom d'osselet, *pyrena*, à certaines noix que ren-

---

(1) Ce sont les fruits que Richard désigne sous le nom de nuculaine.

(2) Richard définit le fruit du pommier, du poirier, etc. fruit charnu, couronné et ombiliqué ; ombilic perforé pour le passage des styles qui naissent d'ovaires adnés à la paroi interne du tube du calice devenu péricarpe. Il désigne ce fruit sous le nom de mélonide.

Le même auteur range le fruit du potiron et celui des autres cucurbitacées dans un genre à part, sous le nom de péponide. C'est, selon lui, un fruit charnu, indéhiscent, uniloculaire, renfermant une ou plusieurs graines attachées à des placenta parietaux ; la paroi interne n'étant revêtue d'aucun tégument propre.

ferment les baies drupacées ou les baies pomacées. Ces noix sont communément plus petites que les noyaux des drupes ; elles n'ont point de sutures, et ne peuvent être séparées en valves distinctes, à l'aide du couteau, en quoi elles diffèrent des noyaux ; le néflier.

Il y a des baies composées, *baccæ compositæ* ; elles sont formées par la réunion de plusieurs pistils, d'abord distincts et séparés, qui, venant ensuite à se gonfler insensiblement, se soudent, s'unissent les uns aux autres, et ne forment plus qu'un seul fruit succulent, ordinairement mamelonné à sa superficie (1).

La baie composée peut se former par la réunion des pistils d'une même fleur, comme dans la ronce, l'anone ou corossol, et elle peut se former par la réunion des pistils de

-----

(1) Il faut rapporter aux baies composées le fruit que Richard appelle *syncarpe*. Il le définit fruit, soit sec, soit charnu, résultant de la soudure de plusieurs pistils provenant d'une seule fleur. La définition que je donne des baies composées s'applique à un plus grand nombre de fruits, puisqu'elle réunit les syncarpes de Richard et les autres fruits composés des pistils de plusieurs fleurs qui n'ont pas de nom dans les auteurs.

plusieurs fleurs très-rapprochées, comme on le voit dans le mûrier , l'ananas et l'arto-carpus ou arbre à pain. Mais il y a une nuance qui mérite d'être notée ; c'est que, dans le premier cas , les pistils se soudent immédiatement les uns aux autres, et que, dans le second cas, l'union s'opère par l'en-tremise du périanthe qui se gonfle et se transforme lui même en substance pulpeuse.

C Ô N E.

J'ai déjà parlé du cône, *conus* , *strobilus*, en indiquant la disposition des fleurs , et je le considère maintenant comme fruit , parce qu'en effet il doit être envisagé sous ce double point de vue.

Le cône est formé par l'épaississement et le rapprochement d'écailles recouvrant cha-cune une ou deux graines nues , dont le bord se prolonge en une lame mince desi-gnée sous le nom d'*aile*, *ala*. Le cône a ordi-nairement la forme que rappelle son nom ; il s'ouvre par la désunion de ses écailles.

Situation du fruit.

Nota. La même que celle des fleurs.

Support.

Sessile , *sessilis* , sans pédoncule particulier ; les noix cartilagineuses des fleurs composées.

Pédonculé, *pedunculatus*, porté sur un pédoncule ; la cerise.

Direction.

Dressé, *erectus*, portant son sommet vers le ciel.

Penché, *nutans*, s'inclinant vers la terre.

Pendant, *pendulus*, dirigeant son sommet vers la terre ; l'euphorbe.

Caché sous terre, *subterraneus*, s'enfonçant plus ou moins sous la terre ; la pistache de terre, le glycine susterranea.

Submergé, *submersus*, entièrement plongé sous l'eau ; la valisneria.

PÉRICARPE.

Le péricarpe, *pericarpium*, est toute la partie du fruit qui n'appartient pas à la graine.

Sont compris dans le péricarpe : l'enveloppe générale des graines, qui est le péricarpe proprement dit ; les différens appendices extérieurs, tels que les ailes, *ala* ; l'aigrette, *pappus* ; la queue, *cauda* ; la chevelure, *coma* ; etc. ; les cloisons intérieures, *dissepimenta* ; les valves, *valvæ* ; les placenta, *placentæ* ; les cordons ombilicaux, *funiculi umbilicales* ; l'arille, *arillus* ; etc.

Forme extérieure.

Sphérique, globuleux, *sphæricum*, arrondi en globe, dont tous les rayons sont égaux ; la baie du groseiller, le calophyllum inophyllum.

Arrondi, *subrotundum*, approchant de la forme ronde ; la baie charnue du pommier.

Elliptique , *ellipticum*, dont la circonscription est comparable à une ellipse ; le drupe de l'antelæa javanica.

Didyme, *didymum*, péricarpe à deux lobes sphériques, accolés l'un à l'autre ; la mercuriale, le caille-lait.

Ovale, ovoïde, en forme d'œuf, *ovatum*, c'est-à-dire ovale, mais un peu plus dilaté ou plus obtus à l'un des deux bouts. La capsule du tabac forme un ovale renversé.

Oblong, *oblongum*, ovale, alongé, égal aux deux extrémités ; la prune de monsieur , la baie du café.

Turbiné , *turbinatum*, en cône renversé, ou, si l'on veut, en toupie ; la baie charnue du poirier, le calamus zalacca.

Cylindrique , *cylindricum* , *teres ;* la capsule de l'œillet.

Déprimé, *depressum*, aplati du sommet à la base ; la noix composée de la passe-rose , celle du malvaviscus populneus.

Hémisphérique , *hemisphæricum* , formant une demi-sphère.

Lenticulaire, *lenticulare ,* arrondi , aplati du sommet à la base , mince et tranchant par ses bords comme la lentille.

En disque, orbiculaire , *discoïdeum , orbiculatum ,* aplati du sommet à la base, à bord obtus ; la noix composée de la passe-rose.

Comprimé , *compressum* , aplati sur les côtés ; la lunaire.

En glaive, *anceps, ensiforme*, alongé, comprimé, plus

ou moins large, aigu à son sommet, tranchant par ses bords.

En lance, lancéolé, *lanceolatum*, alongé, comprimé, sensiblement plus large à sa partie moyenne que vers son sommet et sa base qui se terminent en angle aigu.

Linéaire, *lineare*, alongé, étroit, comprimé à côtés parallèles ; la silique de l'arabette, la capsule de l'épilobe de montagne.

En alène, subulé, *subulatum*, alongé, étroit, rétréci de la base au sommet, et terminé en pointe acérée.

Trigone, *trigonum*, à trois faces planes latérales ; la capsule de la tulipe.

Tétragone, *tetragonum*, à quatre faces planes latérales ; la silicule du vélar.

Prismatique, *prismaticum*, à plusieurs faces planes latérales ; la capsule de quelques aristoloches.

Droit, *rectum*, qui ne présente aucune courbure dans sa longueur.

Arqué, *arcuatum*, *curvum* ; quelques astragales.

En fer de faux, *falcatum*, aplati, légérement courbé vers son sommet qui est aigu ; le légume de la luzerne à faucilles.

En rein, réniforme, *reniforme*, oblong, arrondi d'un côté, ayant un sinus au côté opposé, en forme de rognon ; la noix d'acajou.

En croissant, *lunulatum*, alongé, étroit et courbé en croissant ; le légume du fer à cheval.

Flexueux, *flexuosum*, formant plusieurs courbures dans un même plan.

Tortueux, *tortuosum*, courbé inégalement en divers sens.

En spirale, *spiraliter contortum*, roulé en tire-bourre ;
le légume de quelques luzernes, l'helicteres.

Articulé, *articulatum*, comme formé de pièces rapportées et attachées les unes à la suite des autres ;
le légume de la coronille, celui de l'hedysarum.

Noueux, toruleux, *nodosum*, *torulosum*, alternativement renflé et rétréci, comme une corde à laquelle
on auroit fait des nœuds rapprochés ; la silique du
radis.

En chapelet, *moniliforme*, comme formé de grains
ronds enfilés à la suite les uns des autres.

Vésiculeux, enflé, *vesicarium*, *inflatum*, formé d'un
tissu mince, dilaté et comme membraneux, offrant
intérieurement une cavité considérable que les
graines ne remplissent pas à beaucoup près ; le sta-
phylea, le baguenaudier.

Ailé, *alatum*, garni de prolongemens membraneux ou
foliacés auxquels on donne le nom d'ailes ; l'abroma
fastuosum, la couronne impériale.

Etoilé, *stellatum*, lorsque plusieurs loges prolongées
en pointe vont, en divergeant, du centre à la circonférence ; le penthorum, l'illicium.

Sommet.

Nota. On doit examiner avec attention le
sommet du péricarpe. Il offre souvent des
caractères dont le botaniste tire un grand
parti pour la détermination des genres. Tantôt il est couronné par les dents du calice;
tantôt surmonté d'une pointe formée par le
style devenu ligneux, etc.

Le péricarpe est :

Aigu , *acutum* , se terminant insensiblement par un angle aigu.

Pointu , *mucronatum, acuminatum* , se terminant brusquement par une pointe alongée ; le sagou.

Obtus , *obtusum* , terminé par un angle mousse.

Tronqué , *truncatum* , terminé horisontalement comme s'il avoit été coupé à son sommet.

Echancré , *emarginatum* , ayant à son sommet un sinus ou un angle rentrant.

Ombiliqué , *umbilicatum* , ayant une petite cavité ou fossette comparable au nombril. Cela est commun dans les péricarpes dont le calice est adhérent et qui sont couronnés par ses dents.

Couronné , *coronatum* , lorsque les dents d'un calice adhérant à l'ovaire , ne tombent pas après la maturité du fruit, mais forment à son sommet une petite couronne ; le pommier , le poirier , le grenadier. Un péricarpe peut être aussi couronné par une aigrette, témoin, les composées à graines aigrettées. Dans ce cas l'aigrette, véritable prolongement du péricarpe, n'est-elle pas en effet la partie supérieure d'un calice adhérant à l'ovaire ?

Surmonté d'une queue, *caudatum* , terminée par un prolongement velu ou plumeux; la clématite, l'anémone pulsatile. (Voyez graine , article *appendice.*)

Aigretté , *papposum* , surmonté d'une aigrette velue, soyeuse , pédicellée.

Division.

Lobé , *lobatum* , séparé dans une partie de sa longueur en portions arrondies auxquelles on donne le nom de lobes.

Bilobé, *bilobatum*, à deux lobes ; la mercuriale.

Trilobé, *trilobatum*, à trois lobes ; l'euphorbe.

Quatrilobé, *quadrilobatum*, etc.

Divisé, *partitum*, divisé trés-profondément et presque jusqu'à labase en plusieurs parties.

Superficie.

Glabre, *glabrum*, sans poils ni duvet.

Lisse, uni, poli, *lœve*.

Pointillé, *punctatum*, parsemé de petits points creux ou saillans, ou seulement colorés; la baie de l'oranger.

Mamelonné, *mamillatum*, *mammosum*, dont la surface a des éminences arrondies.

Veiné, *venosum*, relevé de petites côtes irrégulières, comme la surface de la plupart des feuilles.

Ridé, *rugosum*, ayant des sillons courts et irréguliers qui forment des espèces de rides.

Strié, *striatum*, marqué de lignes régulières parallèles. peu profondes.

Sillonné, *sulcatum*, ayant des cannelures régulières et parallèles, semblables à des stries, mais plus profondes.

A côtes, *costatum*, relevé longitudinalement de parties saillantes arrondies, séparées par de profonds sillons : quelques variétés du melon, le hura crepitans.

Marqué de sutures, *signatum suturis*, ayant des sillons, ou des angles, ou des crètes, etc., qui indiquent l'endroit où se soudent deux valves ; le noyau du cerisier, du pêcher, du prunier.

Rude, *asperum*, âpre au toucher, mais dont les aspérités sont à peine visibles ; le galium aparine.

Raboteux, *scabrum*, âpre au toucher, et dont les aspérités sont très-visibles.

Pubescent, *pubescens*, couvert de poils courts et doux,
semblables au duvet d'un adolescent ; le pêcher.

Hérissé de poils, de pointes ou d'aiguillons, *hirtum
muricatum, echinatum, hispidum, aculeatum*, armé
de pointes ou de poils plus ou moins fermes ; le
galium aparine, le marronnier d'Inde, le bignonia
echinata, le canna indica, l'anona muricata.

Ecailleux, *squamosum*, recouvert de petites lames qui
par leur consistance, leur forme et leur disposition, ont quelque ressemblance avec les écailles d'un
poisson ; le sagou.

Substance.

Sec, *siccum*, ni humide, ni pulpeux ; le cocotier, le
chêne, la belle de nuit, le blé.

Membraneux, *membranaceum*, mince et presque dé-
nué de substance intérieure.

Coriace, cartilagineux, *coriaceum, cartilagineum*,
flexible, mais ayant la tenacité du cuir.

Fibreux, *fibrosum*, traversé de filamens plus ou moins
tenaces et difficiles à rompre ; le cocotier.

Testacé, *testaceum*, sec, fragile et ressemblant par sa
substance à une coquille d'œuf ou à une écaille de
poisson.

Osseux, *osseum*, d'un bois très-dur et très-compact.

Subereux, *suberosum*, sec, élastique et semblable à du
liège ; beaucoup d'ombellifères.

Charnu, *carnosum*, ferme et succulent, mais facile à
entamer ; la baie du pommier.

Pulpeux, *pulposum*, mou et très-succulent, se rédui-
sant en eau par la compression ; la baie du groseiller.

Laiteux, *lacteum*, contenant un suc ressemblant à du
lait, soit par sa couleur, soit par sa fluidité.

L O G E S

Considérées comme appartenant au péricarpe.

Les loges, *loculi*, sont les cavités intérieures du péricarpe.

Le péricarpe est :

Uniloculaire, *uniloculare*, à une loge, lorsque sa cavité
intérieure n'est divisée par aucune cloison ; le noyau
de la pêche, de l'abricot, etc.

Biloculaire, *biloculare*, à deux loges, lorsque la cavité
intérieure est divisée en deux loges par une cloison
mitoyenne ; la jusquiame.

Triloculaire, *triloculare*, à trois loges ; le lis.

Quadriloculaire, *quadriloculare*, à quatre loges.

Multiloculaire, *multiloculare*, à un grand nombre de
loges ; le nénuphar.

C L O I S O N S

Considérées comme faisant partie du
péricarpe.

Les cloisons, *dissepimenta*, sont des espèces de diaphragmes plus ou moins épais,
qui partagent en plusieurs loges la cavité
intérieure du péricarpe. On doit considérer
les cloisons comme faisant partie du péricarpe soit qu'elles partent de sa paroi, soit
qu'elles partent d'un axe central.

Verticales, *verticalia ;* les cloisons s'étendent de la base du péricarpe à son sommet, et elles sont par conséquent parallèles à sa longueur; l'astragale.

Transversales, *transversalia*, elles s'étendent d'un côté à l'autre, et sont disposées parallèlement à la base du fruit; la casse.

Opposées aux valves, *valvis opposita*, lorsque leurs bords répondent au milieu des valves ; le lilas, la tulipe.

Parallèles aux valves, *valvis parallela ;* cela ne peut exister que dans les péricarpes à deux valves dont la cavité est biloculaire : il arrive alors que la cloison s'étend quelquefois transversalement d'une suture à l'autre, et que son plan est parallèle à celui des valves; la giroflée et autres crucifères.

Centrales, *centralia*, lorsqu'elles partent d'un support central quelconque et se portent à la circonférence vers la paroi du péricarpe, sans contracter avec elle une grande adhérence, en sorte que ces cloisons restent fixées au centre après l'ouverture des valves; le liseron.

Marginales, *marginalia*, les cloisons répondent aux bords des valves et y restent adhérentes après l'ouverture du péricarpe. Cela n'a lieu dans les capsules que lorsque le péricarpe ne s'ouvre point par les panneaux qui restent soudés les uns aux autres, mais qu'il s'ouvre par des pores, des dents, des fentes, etc. le mufle de veau, le pavot.

Complettes, *completa*, lorsqu'elles séparent complettement la cavité du péricarpe ; la giroflée.

Incomplettes, *incompleta*, lorsqu'elles ne séparent qu'en partie la cavité du péricarpe ; le pavot.

Séminifères,

séminifères, *seminifera*, portant les graines ; le nénuphar.

VALVES

Considérées comme faisant partie du péricarpe.

Les valves, *valvæ*, *valvulæ*, sont des espèces de panneaux dont la réunion compose le péricarpe, et qui, venant à se désunir à l'époque de la maturité, mettent ses graines à nud, après les avoir abritées durant un tems plus ou moins long.

On reconnoît qu'un péricarpe s'ouvre par de véritables valves, toutes les fois que ses différentes pièces extérieures présentent un arrangement symétrique ; que leur union est marquée extérieurement par des sutures, *suturæ*, impressions longitudinales ou transversales plus ou moins marquées ; enfin, que la désunion des panneaux est nette et dans la direction des sutures.

Les valves sont :

transversales, *transversales*, lorsque le plan des sutures est parallèle à la base du péricarpe ; le mouron rouge.

verticales, *verticales*, lorsque le plan des sutures est perpendiculaire sur le plan de la base du péricarpe ; le lis.

Tome II.   P

Rentrantes, *introflexæ*, (*valvis margine introflexis* ¿
Jus.), lorsque le bord des valves s'enfonce dans la
cavité même du péricarpe, et y forme des saillies
qui quelquefois tiennent lieu de cloisons, en séparant cette cavité en plusieurs loges ; la gentiane, la
gentianelle, le colchique.

Ouverture du péricarpe.

Ne s'ouvrant point, sans valves, *evalve*, *indehissens*,
lorsqu'il n'y a point de panneaux distincts, ou que
ces panneaux restent unis ; la noix du chêne connue
sous le nom de gland, le noyau des drupes.

Se rompant, *dissiliens*, s'ouvrant par une rupture
subite et irrégulière ; le momordica elaterium.

S'ouvrant par des dents, *dentibus ;* la capsule du
cucubalus et celle du silène s'ouvrent au
sommet par cinq dents : *apice quinque-*
fariam dehiscens, dit Jussieu.

Par des trous, *poris ;* la capsule du mufle
de veau se crève à son sommet : *apice*
foraminulis dehiscens, dit Jussieu.

Par des fentes, *fissuris ;* la capsule de
l'aristoloche s'ouvre par des fentes longitudinales.

Par un opercule, *operculo ;* la capsule de
la jusquiame s'ouvre à son sommet par
une espèce de couvercle qui se détache :
capsula apice circumscissa seu opercu-
lata, dit Jussieu.

En boîte à savonnette, *circumscissum ;*
lorsque le péricarpe se fend transversa-

lement vers son milieu ; la capsule du mouron rouge, du pourpier, du plantain, de l'amaranthe.

Bivalve, *bivalve*, s'ouvrant par deux valves ; la giroflée, le pois, la véronique.

Trivalve, *trivalve* ; la violette, le lis, l'iris, le jonc.

Quadrivalve, *quadrivalve*, l'épilobe.

Quinquévalve, *quinquevalve* ; le tilleul.

Multivalve, *multivalve*, à beaucoup de valves ; la lysimachie.

P L A C E N T A

Considéré comme partie du péricarpe.

Le placenta, *placenta, receptaculum seminale*, est la partie du péricarpe où sont attachés les cordons ombilicaux des graines. C'est dans cet organe que les vaisseaux de la plante qui portent la nourriture aux ovules, et ceux du stigmate qui servent à la fécondation, se réunissent pour former les cordons ombilicaux. Le placenta existe nécessairement dans tous les fruits, mais il n'est pas toujours très-apparent.

Le placenta est :

À la base de la cavité du péricarpe, *basilaris* ; le nerprun.

Au sommet, *adnata apici* ; l'orme.

Sur la paroi, *parietalis* ; le butomus umbellatus.

Latéral, *lateralis*, sur l'un des côtés du péricarpe ; l'arum dracunculus.

Marginal, *marginalis*, situé sur le bord des valves le long de leur suture. On observe dans ce cas que, lorsque les valves viennent à se désunir, les graines restent attachées alternativement à l'un et à l'autre bord ; le pois, le haricot, l'ellébore.

Au milieu des valves, *adnata mediis valvis ;* l'épilobe.

Sur les cloisons, *adnata dissepimentis ;* le nénuphar, le pavot.

Central, *centralis*, lorsqu'il est placé au centre de la cavité du péricarpe ; l'œillet.

Libre, *libera*, le placenta est alors proéminent, dilaté, et il n'adhère au réceptacle que par un point ; le centunculus minimus, l'œillet.

Pédicellé, *stipitata*, lorsqu'étant proéminent, il est resserré vers son point d'attache en forme de petit support ; le rapuntium siphiliticum Gært., la primevère.

Forme.

Filiforme, *filiformis*, délié comme un fil ; le ledum palustre, le velezia rigida.

Cylindrique, *cylindrica* ; le cortusa Matthioli.

Conique, *conica*, le dodecatheon meadia.

Ovale, en œuf, *ovoïdea*, *ovata*, la limoselle aquatique.

Sphérique, globuleux, *globosa*, *sphærica* ; le mouron rouge.

Hémisphérique, *hemisphærica*.

Uni, *lævis*.

Sillonné, *sulcata*.

Filamenteux, *filamentosa*, après la chûte des graines, le silene noctiflora.

Creusé de fossettes, *scrobiculata*, les graines sont, avant leur maturité, enchâssées dans ces petites loges ; le mouron rouge, le trientalis europæa.

CORDON OMBILICAL

Considéré comme partie du péricarpe.

Le prolongement du placenta, qui unit la graine au péricarpe, est le cordon ombilical, *funiculus umbilicalis*. Cet organe présente dans un même faisceau les vaisseaux de la plante-mère, qui portent la nourriture aux ovules, et ceux du stigmate qui servent à la fécondation de ces mêmes ovules. Il arrive souvent que la graine est immédiatement fixée sur le placenta, et qu'il n'y a point de cordon ombilical externe.

En tubercule, *tuberculiformis*, formant une saillie peu marquée.

En soie, *setaceus*, comme un poil roide.

Filiforme, *filiformis*, grèle, alongé, égal ; le grossularia uva crispa, vulgairement groseille à maquereau.

En aigrette, *pappiformis*, composé d'un faisceau de poils qui reste fixé au sommet de la graine après la dissémination, et qui ressemble alors à l'aigrette de certains péricarpes ; les graines des apocinées : Gærtner nomme ces graines *semina comosa*.

En corne, *corniculiformis* ; l'acanthe.

P 3

ARILLE

Considéré comme partie du péricarpe.

L'arille, *arillus*, est une extension et un développement considérable du cordon ombilical; il forme autour de la graine une enveloppe très-souvent imparfaite, et n'a aucune adhérence avec elle.

L'arille disparoît dans beaucoup de plantes après la maturité de la graine, et l'on n'en retrouve plus de vestige; dans d'autres plantes, on peut l'observer encore sur les graines desséchées.

Incomplet, *incompletus*, il ne recouvre la graine qu'imparfaitement; le polygala.

Complet, *completus*, il enveloppe entièrement la graine; le fusain.

Fibreux, *fibrosus*.

Frangé, *fimbriatus*; le ravenala.

Découpé, lacinié, *laciniatus*; le muscadier.

Charnu, *carnosus*.

Médullaire, *medullaris*.

Coriace, *coriaceus*.

Corné, *corneus*, d'une substance ferme et élastique comme de la corne; l'oxalis.

GRAINE

Considérée comme partie du fruit.

La graine, *semen*, est l'œuf végétal, comme nous l'avons dit autre part.

Nombre.

U Une graine (fruit monosperme , *fructus monosper-*
mus), tous les drupes; la pêche , l'abricot, la cerise , etc.

U Deux graines (fruit disperme , *fructus dispermus*);
le café.

T Trois graines (fruit trisperme, *fructus trispermus*);
le camélée.

) Quelques graines (fruit oligosperme, *fructus oligo-*
spermus); le pommier.

T Plusieurs graines , fruit polysperme, *fructus poly-*
spermus. Cette expression s'emploie ordinairement
quand le nombre des graines devient assez considérable pour qu'on cesse de les compter; le grenadier,
l'oranger , le pavot, le tabac.

Situation des graines.

I Plongées dans une pulpe , *nidulantia*; la mandragore.

[Enchâssées , *inclusa*, fixées dans des fossettes dont
elles remplissent toute la cavité ; le mouron rouge.

[Imbriquées, *imbricata*, se recouvrant successivement;
le laurier rose.

[En séries , *in series congesta*; la tulipe.

[Redressées , *assurgentia*, les cordons ombilicaux sont
attachés au sommet de la cavité du péricarpe; ils se
prolongent jusqu'à la base de cette cavité , et s'attachent aux graines qui sont droites relativement
aux fruits; le statice limonium.

Droites, *erecta* (*radicula infera*); les graines ont alors
leur radicule , leur ombilic et leur cordon ombilical
à la base du fruit; la vigne, le pommier.

Renversées (*radicula supera*), la radicule et l'ombilic

P 4

sont tournés vers le sommet du fruit ; le coudrier,
le prunier, le pêcher.

Horisontales, *horizontalia*, les graines sont attachées
latéralement, et leur axe coupe celui du fruit à
angle droit ; la couronne impériale.

Pendantes, suspendues, *suspensa*, elles sont attachées dans la cavité du péricarpe par un cordon ombilical flexible, qui les laisse pendre vers la base ;
le frêne, la grenadille fétide.

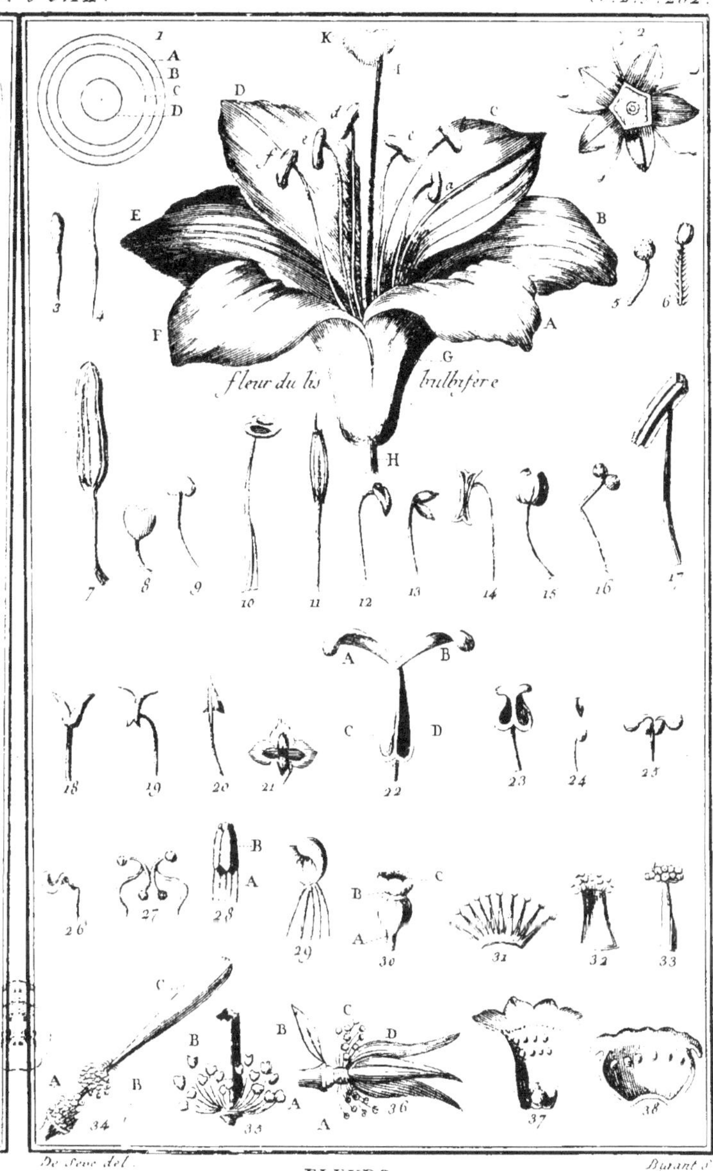

De Seve del.

FLEURS.

Durant S.

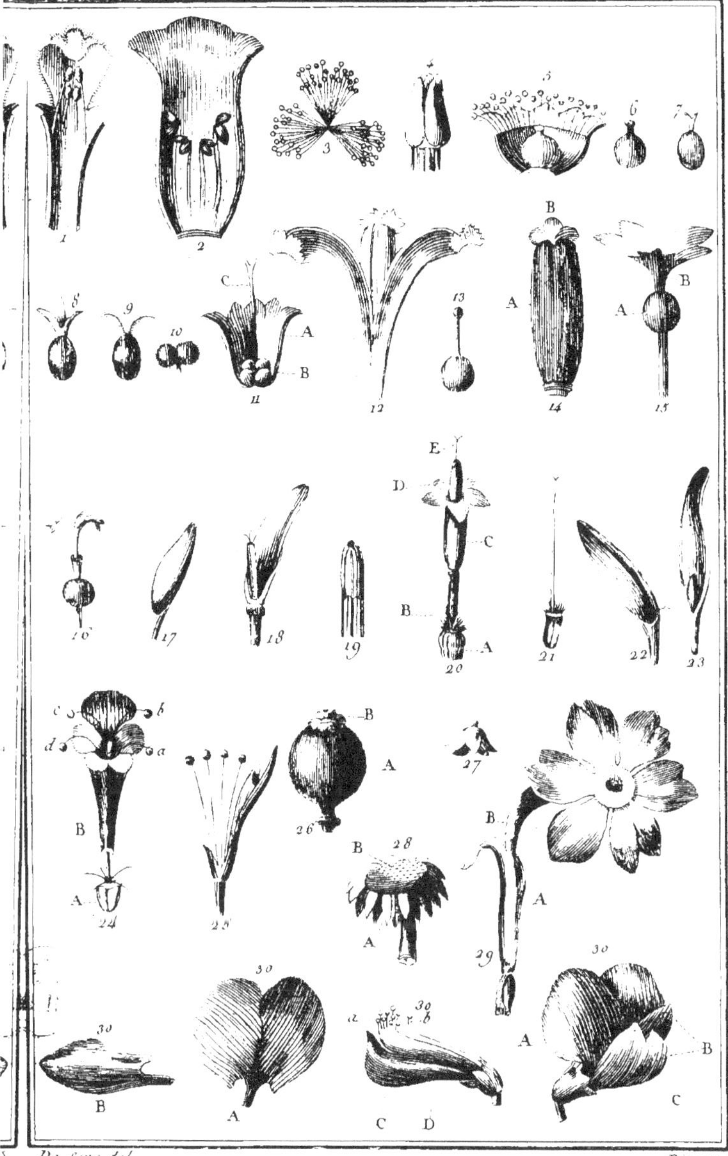

De Seve del.
Bigant S
FLEURS.

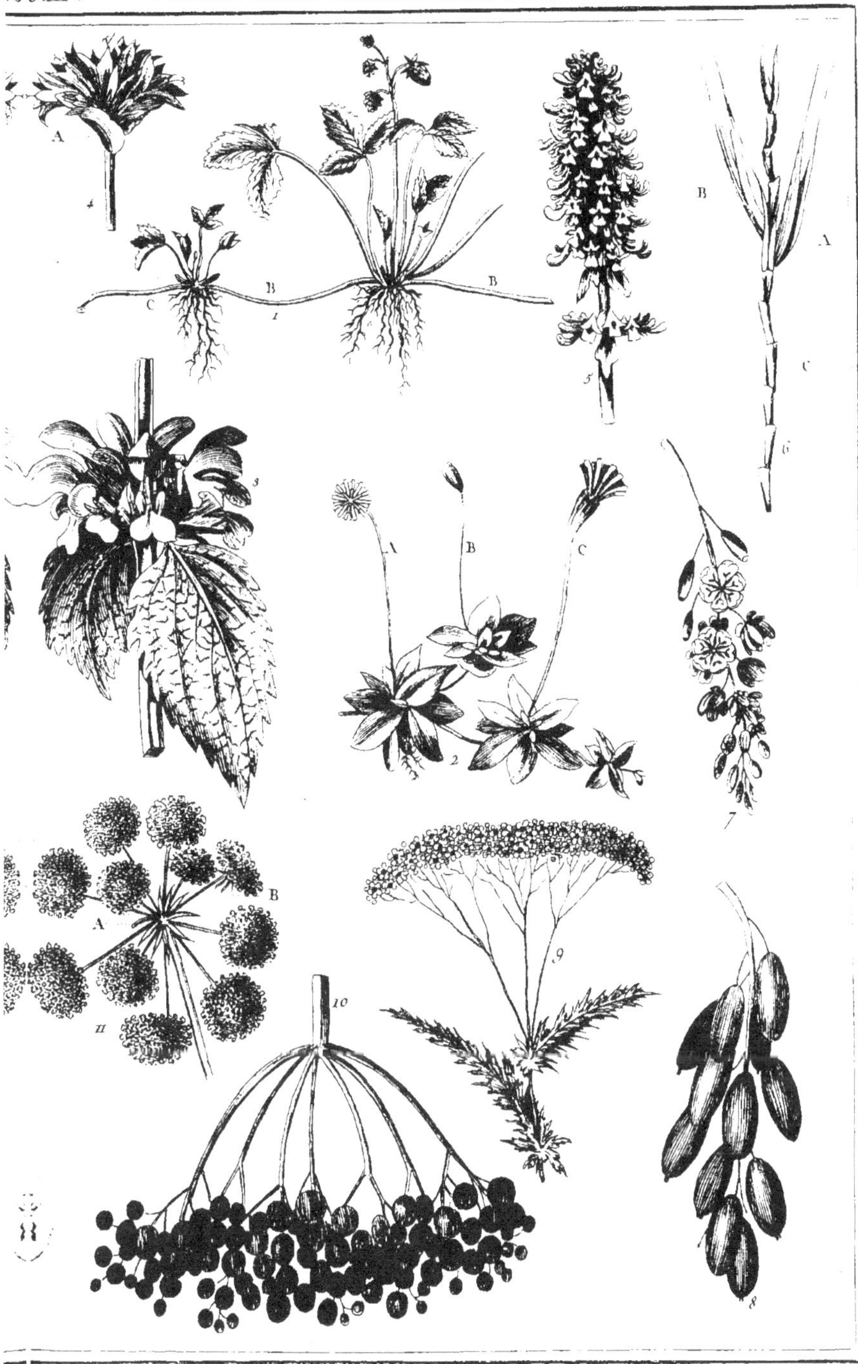

DISPOSITION DES FLEURS.

J. B. Racine S.

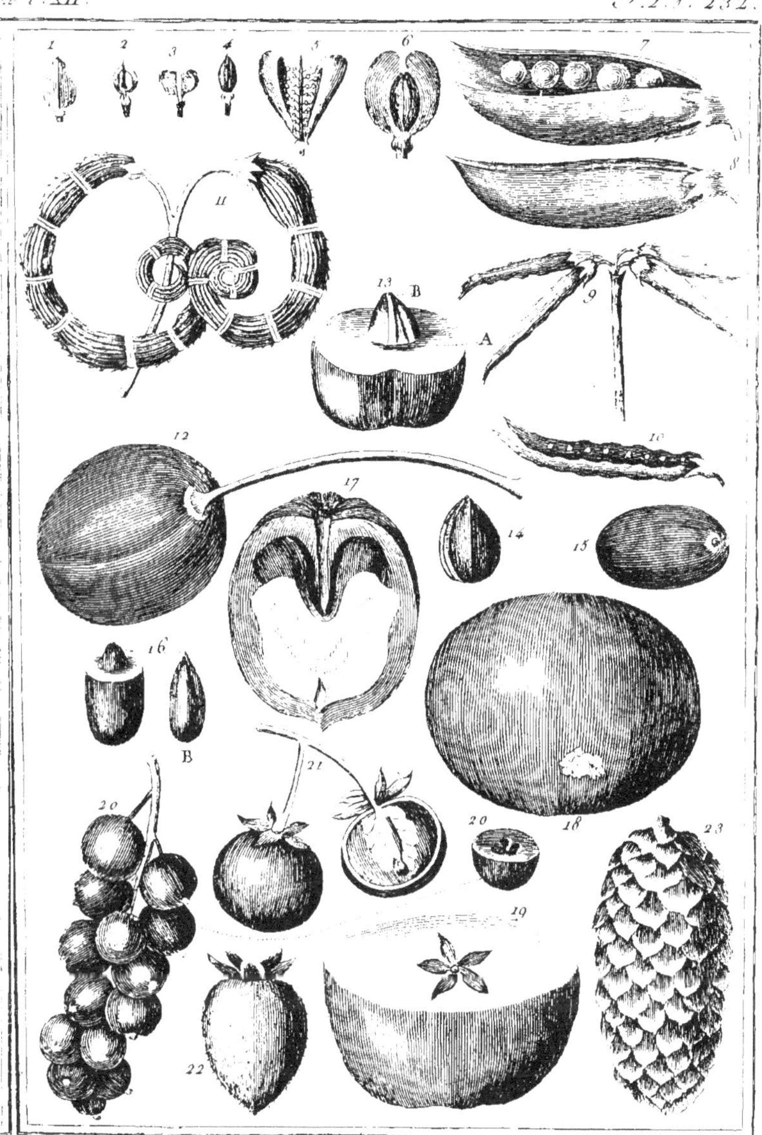

FRUITS.

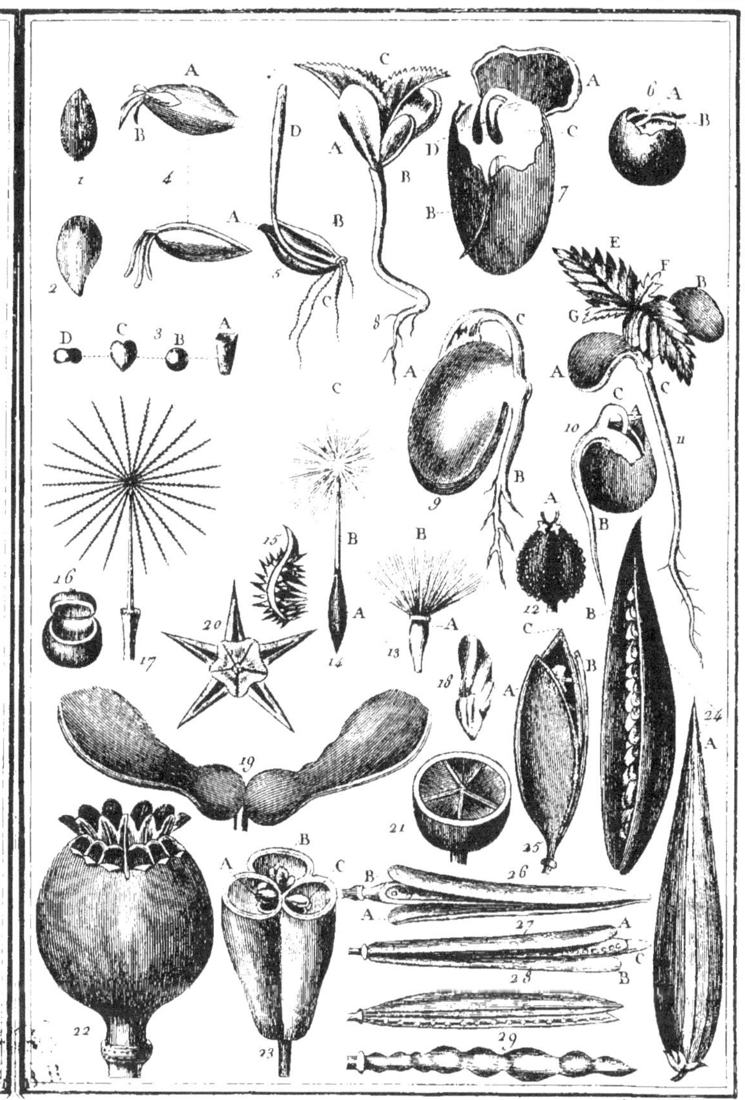

GERMINATION. FRUITS.

G. Marchand S.

EXPOSITION

DES MÉTHODES.

METHODES

DE TOURNEFORT.
LINNÆUS.
JUSSIEU.

AVERTISSEMENT.

Après avoir considéré les végétaux en un seul groupe, dans ma Physiologie, il convient que je les divise en groupes secondaires, afin de faire apercevoir plus facilement les traits qui les caractérisent. C'est ici le point où la Physiologie végétale et la botanique se confondent et ne forment plus qu'une science qui est l'histoire naturelle des plantes. Les généralités que nous avons établies s'effaceroient bientôt de la mémoire, si on ne leur donnoit plus de poids par l'étude des faits particuliers. En présentant l'analyse des systèmes les plus parfaits que nous possédions sur la botanique, mon but est de préparer l'esprit des élèves à la connoissance des détails tout à fait indispensables pour quiconque veut se livrer à l'étude des végétaux. S'il n'est pas permis au botaniste d'ignorer les principes de la Physiologie végétale, il n'est pas plus permis aux physiologistes d'ignorer les méthodes qui conduisent à la connoissance approfondie des plantes. Le raisonnement suffit pour démontrer cette vérité. Mais, s'il faut des faits pour la rendre plus sensible, il me suffira de citer les travaux de Desfontaines. Ce célèbre professeur n'auroit jamais poussé si loin ses recherches sur l'organisation des végétaux, et nous ne lui serions sans doute pas redevables de sa belle distinction anatomique des monocotyledones et des dicotyledones, s'il avoit négligé l'étude des espèces.

Je ne puis proposer aucun exemple plus frappant, parce qu'en effet rien ne prouve d'une manière plus évidente tout l'avantage que le naturaliste doit retirer de l'alliance de la physiologie et de la botanique.

Au reste, pour le moment, je ne prétends donner que l'exposé pur et simple des meilleurs systêmes. Je m'abstiendrai d'en faire la critique; elle doit rentrer dans l'histoire générale de la science, qui sera l'objet de mon troisième volume.

TOUTES LES PLANTES SONT :

Herbes à fleurs.
 — Pétalées
   — Simples
     — Monopétales { Régulières ou irrégulières. } { 1. Campaniformes. 2. Infundibuliformes. 3. Personées. 4. Labiées. }
     — ou polypétales. { Régulières { 5. Cruciformes. 6. Rosacées. 7. Ombellifères. 8. Caryophyllées. 9. Liliacées. } ou irrégulières. { 10. Papilionacées. 11. Anomales. } }
   — ou composées . . . . { 12. Flosculeuses. 13. Demi-flosculeuses. 14. Radiées. }
 — ou Apétales . . . . { 15. A étamines. 16. Sans fleurs. 17. Sans fleurs ni fruits. }

Arbres à fleurs.
 — Apétales . . . . { 18. Apétales, proprement dits. 19. Amentacés. }
 — ou pétalées . . . . { Monopétales . . . . 20. Monopétales. ou polypétales. { Régulières ou irrégulières. } { 21. Rosacés. 22. Papilionacés. } }

TOME II.

MÉTHODE DE TOURNEFORT.

DANS cette Méthode les classes sont au nombre de vingt-deux. Les dix-sept premières renferment les herbes et les sous-arbrisseaux : les cinq suivantes comprennent les arbres et les arbrisseaux. Les caractères des classes sont pris de la présence ou de l'absence de la corolle ou de sa forme. Les quatre premières classes renferment les plantes qui ont une corolle monopétale; les sept suivantes comprennent celles dont la corolle est polypétale; dans la douzième, la treizième et la quatorzième sont comprises les plantes dont les fleurs sont composées de plusieurs fleurs monopétales; les plantes de la quinzième, seizième et dix-septième classe n'ont point de corolle; les cinq dernières classes, qui comprennent les arbres et les arbrisseaux, sont disposées dans un ordre inverse; la dix-huitième et la dix-neuvième comprennent les arbres dont les fleurs n'ont point de corolle; la vingtième contient les arbres à fleurs monopétales; les vingt-unième et vingt-deuxième comprennent les arbres à fleurs polypétales.

Ces vingt-deux classes se subdivisent en sections. Les caractères des sections se tirent ou de quelque accident dans la forme de la corolle, comme sont dans la classe des fleurs campaniformes, celles qu'on nomme fleurs en grelot; dans celle des fleurs en entonnoir, celles qu'on nomme fleurs en roue; parmi les fleurs en lis, celles qui sont composées de trois ou de six divisions. La forme et la disposition du fruit fournissent aussi des caractères de sections. Les fruits sont mous ou secs, gros ou petits; ils sont produits par le pistil, qui n'a aucune adhérence avec le calice, ou par le pistil et le calice réunis, et dans ce cas ils semblent placés au dessous de la fleur. Dans les plantes qui sortent des fleurs mâles et des fleurs femelles, les fruits se trouvent séparés des fleurs mâles, quelquefois sur le même pied, quelquefois sur des pieds différens. A l'égard des graines, elles varient pour le nombre et la position; les unes sont nues, d'autres sont garnies d'ailes ou d'aigrettes; enfin Tournefort tire quelquefois, mais rarement, les caractères des sections de la disposition des feuilles, qui sont en trèfles, opposées, verticillées, etc.

Les genres qui sont compris dans une section, joignent au caractère de la classe et de la section un caractère particulier, soit dans la forme de la fleur, soit dans celle du fruit, des feuilles, des tiges, ou même des racines, et dans les dispositions de ces différentes parties.

Les espèces doivent réunir au caractère générique quelque particularité constante, comme l'odeur, la couleur ou quelque autre qualité; si ces différences n'étoient pas constantes, ce seroit alors une simple variété.

Je vais donner l'exposition détaillée de cette méthode, pour que l'on saisisse plus nettement encore les principes qui lui servent de base.

LES HERBES

ET LES SOUS-ARBRISSEAUX.

CLASSE PREMIÈRE.

Les campaniformes.

HERBES à fleurs simples (1), *monopétales, régulières, en forme de cloche, de bassin, ou de grelot; fig.* 1, 2 *et* 3.

SECTION PREMIÈRE.

Des herbes à fleurs en cloche dont le pistil devient un fruit mou (baie) d'une grosseur assez remarquable; la mandragore, la belladone.

SECTION DEUXIÈME.

Des herbes à fleurs en cloche ou en grelot, dont le pistil devient un fruit mou (baie) assez petit; le muguet.

SECTION TROISIÈME.

Des herbes à fleurs en cloche dont le

(1) Les fleurs simples de Tournefort sont celles qui ne naissent pas plusieurs ensemble sur un même réceptacle.

pistil

pistil devient un fruit sec (capsule ou noix),
qui n'a qu'une seule loge dans quelques
genres, et qui est partagé en plusieurs loges
dans quelques autres; le liseron, la gentiane.

SECTION QUATRIÈME.

Des herbes à fleurs en cloche ou en bassin,
dont le pistil devient un fruit à gaîne (follicule); l'asclépias.

SECTION CINQUIÈME.

Des herbes à fleurs en cloche, du fond
desquelles s'élève un tuyau (étamines monadelphes), et dont le pistil devient un fruit
composé de plusieurs capsules (noix composées), ou divisé en plusieurs loges (capsule multiloculaire); la mauve, la guimauve, le coton.

SECTION SIXIÈME.

Des herbes à fleurs en cloche ou en bassin,
dont le calice devient un fruit charnu (baie,
pepon) dans presque tous les genres; le concombre, le melon.

SECTION SEPTIÈME.

Des herbes à fleurs en cloche, dont le calice
devient un fruit sec (capsule ou noix); la
campanule, la raiponce.

TOME II.   Q

SECTION HUITIÈME.

Des herbes à fleurs en godet dont le calice devient un fruit (noix ou baie) à deux lobes arrondis, accollés l'un à l'autre ; la garance, le caille-lait.

CLASSE II.

Les infundibuliformes, ou fleurs en entonnoir, fig. 4, 5, 6. — Herbes dont les fleurs sont simples, monopétales, régulières, et qui ressemblent en quelque sorte à un entonnoir, à une soucoupe ou à un godet.

SECTION PREMIÈRE.

Des herbes à fleurs en entonnoir dont le pistil devient le fruit (capsule) ; le tabac, la jusquiame, la pervenche, l'oreille d'ours.

SECTION DEUXIÈME.

Des herbes à fleurs en soucoupe ou en roue, dont le pistil devient le fruit (capsule) ; le plantain, l'androsace.

SECTION TROISIÈME.

Des herbes à fleurs en entonnoir, dont la base de la corolle, ou plus ordinairement le calice, enveloppe le fruit (noix); la mâche, la belle de nuit.

SECTION QUATRIÈME.

Des herbes à fleurs en entonnoir, en bassin ou en molette, et dont le pistil est à quatre lobes qui deviennent autant de graines (noix), renfermées dans le calice de la fleur; la bourrache, la vipérine, la pulmonaire.

SECTION CINQUIÈME.

Des herbes à fleurs en entonnoir et à une seule graine (noix); la dentelaire.

SECTION SIXIÈME.

Des herbes à fleurs en roue, dont le pistil devient un fruit dur et sec (capsule); le mouron rouge, le bouillon blanc.

SECTION SEPTIÈME.

Des herbes à fleurs en roue ou en godet, dont le pistil devient un fruit mou ou charnu (baie); la morelle, le piment.

SECTION HUITIÈME.

Des herbes à fleurs en roue, dont le calice devient le fruit (noix); la pimprenelle.

CLASSE III.

Les personées, ou fleurs en mufle, en masque, fig. 7 et 9. — Herbes à fleurs simples, monopétales, anomales, irrégulières, dont les graines sont renfermées dans une capsule ou autre péricarpe.

SECTION PREMIÈRE.

Des herbes à fleurs irrégulières, coupées en cornet ou en capuchon; le pied de veau.

SECTION DEUXIÈME.

Des herbes à fleurs en tuyau irrégulier coupé en languette, et dont le calice devient le fruit (capsule); l'aristoloche.

SECTION TROISIÈME.

Des herbes à fleurs en tuyau irrégulier, ouvert par les deux bouts, dont le pistil devient le fruit (capsule); la bignone, la digitale, la scrophulaire.

SECTION QUATRIÈME.

Des herbes à fleurs en tuyau irrégulier, ouvert dans le fond, terminé et comme formé en devant par un mufle à deux mâchoires; le mufle de veau, la pédiculaire, l'orobanche.

SECTION CINQUIÈME.

Des herbes à fleurs irrégulières, terminées en bas par un anneau; l'acanthe.

CLASSE IV.

Les labiées, ou fleurs en gueule, fig. 10, 11, 12. — *Herbes à fleurs simples, monopétales, irrégulières, et dont le fruit est composé de quatre graines (noix), accompagnées du calice persistant.*

SECTION PREMIÈRE.

Des herbes à fleurs en gueule dont la lèvre supérieure est en casque ou en faucille; la sauge, le phlomis, la brunelle.

SECTION DEUXIÈME.

Des herbes à fleurs en gueule dont la lèvre supérieure est creusée en cuilleron; le galeopsis, la menthe, le lamium.

SECTION TROISIÈME.

Des herbes à fleurs en gueule dont la lèvre supérieure est retroussée; le sideritis ou crapaudine.

SECTION QUATRIÈME.

Des herbes à fleurs en gueule qui n'ont qu'une seule lèvre; la germandrée, la bugle.

Q 3

CLASSE V.

Les crucifères, ou fleurs en croix, fig. 13, 14.
*— Fleurs simples, polypétales, régulières,
composées de quatre pétales disposés en
croix, et dont le fruit est une silique ou
une silicule.*

SECTION PREMIÈRE.

Des herbes qui ont leurs fleurs en croix,
dont le pistil devient une silicule à une ou
deux loges.

SECTION DEUXIÈME.

Des herbes qui ont les fleurs en croix,
et dont le pistil devient une silicule divisée
intérieurement en deux loges par une cloison mitoyenne, posée de travers par rapport à la largeur du fruit fortement comprimé sur les côtés; le thlaspi bursa pastoris.

SECTION TROISIÈME.

Des herbes qui ont les fleurs en croix,
dont le pistil devient une silique large ou
une silicule à deux loges, divisée par une
cloison mitoyenne parallèle aux valves; la
lunaire, l'alysson.

SECTION QUATRIÈME.

Des herbes qui ont les fleurs en croix, dont le pistil devient une silique alongée, divisée dans sa longueur en deux loges par une cloison mitoyenne; le chou, la giroflée, la moutarde, la rave.

SECTION CINQUIÈME.

Des herbes qui ont les fleurs en croix, et dont le pistil devient une silique divisée en travers en plusieurs loges; le raphanus raphanistrum, l'hypecoum.

SECTION SIXIÈME.

Des herbes qui ont les fleurs en croix, dont le pistil devient une silique à une seule loge; la chélidoine, l'épimède.

SECTION SEPTIÈME.

Des herbes qui ont les fleurs en croix, dont le pistil devient une silique à trois ou quatre loges; le brassica erucago.

SECTION HUITIÈME.

Des herbes qui ont les fleurs en croix, et dont les pistils deviennent plusieurs graines (noix) ramassées en manière de tête; le potamogeton ou épi d'eau.

SECTION NEUVIÈME.

Des herbes qui ont les fleurs en croix, et
dont le pistil devient un fruit mou (baie);
le paris à quatre feuilles.

CLASSE VI.

Les rosacées, ou fleurs en rose, fig. 15, 16.
*— Fleurs simples, polypétales régulières,
composées de cinq ou d'un nombre indéterminé de pétales disposés en rose.*

SECTION PREMIÈRE.

Des herbes à fleurs en rose, dont le pistil
devient un fruit (capsule) qui s'ouvre en
travers comme une boîte à savonnette; l'amaranthe, le pourpier.

SECTION DEUXIÈME.

Des herbes à fleurs en rose, dont le pistil
ou le calice devient un fruit (capsule) assez
grosse, à une seule loge; le pavot, la grenadille.

SECTION TROISIÈME.

Des herbes à fleurs en rose, dont le pistil
devient un fruit (capsule) assez petit et

qui n'a qu'une seule loge; le jonc, l'alsine ou mouron blanc.

SECTION QUATRIÈME.

Des herbes à fleurs en rose, dont le pistil devient un fruit (capsule) divisé le plus souvent en deux loges; la saxifrage, la salicaire.

SECTION CINQUIÈME.

Des herbes à fleurs en rose, dont le pistil devient un fruit (capsule) à plusieurs loges; le nénuphar, le ciste, la rue, la pirole.

SECTION SIXIÈME.

Des herbes à fleurs en rose, dont le pistil devient un fruit (baie ou capsule) qui renferme plusieurs graines; le caprier.

SECTION SEPTIÈME.

Des herbes à fleurs en rose, dont le pistil devient un fruit composé de plusieurs capsules; la joubarbe, le geranium, l'ellébore, la pivoine.

SECTION HUITIÈME.

Des herbes à fleurs en rose, dont le pistil devient un fruit composé de plusieurs graines (noix) ramassées en tête; l'anémone, la renoncule, la clématite, le fraisier.

SECTION NEUVIÈME.

Des herbes à fleurs en rose, dont le pistil ou le calice deviennent des fruits mous (baies); le phytolacca, l'asperge.

SECTION DIXIÈME.

Des herbes à fleurs en rose, dont le calice devient un fruit ou une graine nue (capsule ou noix); l'aigremoine, l'épilobe.

CLASSE VII.

Les ombellifères, ou fleurs en ombelle, en parasol, fig. 17, 18. — Fleurs simples, polypétales régulières, ayant cinq pétales disposés en rose, et pour fruit deux graines accolées l'une à l'autre (noix composée). *Les fleurs des plantes que renferme cette classe, sont portées par de longs pédoncules qui partent d'un centre commun, et divergent comme les rayons d'un parasol.*

SECTION PREMIÈRE.

Les herbes à fleurs en parasol, soutenues par les rayons et dont le calice devient un fruit à deux petites noix canelées ou rayées;

la carotte, le persil, la ciguë, le chervi, la
berle.

SECTION DEUXIÈME.

Des herbes à fleurs en parasol, soutenues
par des rayons, et dont le calice devient un
fruit à deux noix étroites, longues et de médiocre grosseur; le cerfeuil, le fenouil, l'angélique.

SECTION TROISIÈME.

Des herbes à fleurs en parasol, soutenues
par des rayons, et dont le calice devient un
fruit à deux noix presque rondes, de médiocre grosseur; la coriandre.

SECTION QUATRIÈME.

Des herbes à fleurs en parasol, soutenues
par des rayons, et dont le calice devient un
fruit à deux noix ovales, plates et de médiocre grosseur; l'anet, le peucedanum.

SECTION CINQUIÈME.

Des herbes à fleurs en parasol, soutenues
par des rayons, et dont le calice devient le
pistil, à deux noix ovales, plates et d'une
grandeur considérable; le panais, la férule,
la thapsie.

SECTION SIXIÈME.

Des herbes à fleurs en parasol, soutenues

ordinairement par des rayons, et dont le calice devient un fruit à deux graines (noix) canelées profondément, et d'une grosseur considérable; la caucalide, le ligusticum, le laserpitium.

SECTION SEPTIÈME.

Des herbes à fleurs en parasol, soutenues par des rayons, et dont le calice devient un fruit à deux graines (noix) enveloppées d'une substance spongieuse ; le cachrys ou armarinte.

SECTION HUITIÈME.

Des herbes à fleurs en parasol, soutenues par des rayons, et dont le calice devient un fruit à deux graines (noix) terminé par une longue queue; le scandix.

SECTION NEUVIÈME.

Des herbes à fleurs en parasol, ramassées en tête, et dont les fleurs ne sont soutenues par aucun rayon ; le panicaut, la sanicle, l'hydrocotyle.

CLASSE VIII.

Les caryophyllées, ou fleurs en œillet, fig. 19, 20. — Fleurs simples, polypétales régulières, dont l'onglet est fort long, et a son attache au fond d'un calice alongé et monophylle.

SECTION PRÉMIÈRE.

Des herbes à fleurs en œillet, dont le pistil devient le fruit (capsule ou noix) composé; l'œillet, le lin.

SECTION DEUXIÈME.

Des herbes à fleurs en œillet, dont le pistil devient une petite capsule renfermé dans le calice de la fleur; le statice.

CLASSE IX.

Les liliacées ou fleurs en lis, figure 21. — Fleurs simples régulières, ordinairement composées de trois ou six pétales, ou d'un seul pétale divisé en six parties. Les graines sont toujours renfermées dans une capsule à trois loges.

SECTION PREMIÈRE.

Des herbes à fleurs en lis, monopétales à six divisions, dont le pistil devient le fruit (capsule); l'hyacinthe, le colchique.

SECTION DEUXIÈME.

Des herbes à fleurs en lis, monopétales, dont le calice devient le fruit (capsule); le safran, le narcisse, l'iris, le glayeul, le canna (1).

SECTION TROISIÈME.

Des herbes à fleurs en lis, à trois pétales; le tradescantia ou éphémère.

SECTION QUATRIÈME.

Des herbes à fleur en lis, à six pétales, dont

(1) Tournefort considère ici la partie supérieure du périanthe comme une corolle et sa base comme un calice. Le même principe le dirige dans la 5e section.

le pistil devient le fruit (capsule); le lis,
l'oignon, la tulipe.

SECTION CINQUIEME.

Des herbes à fleurs en lis, monopétales, à
six divisions, dont le calice devient le fruit
(capsule); le perce-neige.

CLASSE X.

Les papillonacées ou légumineuses, fig. 22,
23, 24, 25.— Fleurs simples, polypétales,
irrégulières, dont le fruit est un légume.

SECTION PREMIÈRE.

Des herbes à fleurs papillonacées, dont
le pistil devient un légume simple et assez
court; le pois chiche, la lentille, la vulné-
raire ou *anthyllis vulneraria.*

SECTION DEUXIÈME.

Des herbes à fleurs papillonacées, dont
le pistil devient un légume simple et long;
la fève, le lupin, le pois, la gesse, la vesse.

SECTION TROISIÈME.

Des herbes à fleurs papillonacées, dont
le pistil devient un légume composé de
différentes pièces attachées bout à bout;

le sainfoin, l'ornithopus ou pied d'oiseau, l'hippocrepis ou fer à cheval.

SECTION QUATRIÈME.

Des herbes à fleurs papillonacées, dont les feuilles ont trois folioles portées sur un pétiole commun ; le trèfle, le mélilot, la luzerne.

SECTION CINQUIÈME.

Des herbes à fleurs papillonacées, dont le pistil devient un légume divisé en deux loges dans sa longueur ; l'astragale.

CLASSE XI.

Les anomales, ou fleurs polypétales anomales proprement dites, fig. 26, 27, 28, 29. — Fleurs simples, polypétales, irrégulières, d'une forme bizarre.

SECTION PREMIÈRE.

Des herbes à fleurs irrégulières, polypétales, et dont le pistil devient un fruit (capsule) à une seule loge ; la fumeterre, la violette, le réséda.

SECTION DEUXIÈME.

Des herbes à fleurs irrégulières, polypétales, dont le pistil devient un fruit (capsule) à
plusieurs

plusieurs lobes, répondant à un nombre égal de loges; l'aconit, le pied d'alouette, l'ancolie, la fraxinelle.

SECTION TROISIÈME.

Des herbes à fleurs polypétales, irrégulières, dont le calice devient un fruit (capsule) rempli de graines, semblables à de la sciure de bois; l'orchis.

— — —

CLASSE XII.

Les flosculeuses, ou fleurs à fleurons, fig. 30. — *Fleurs composées de plusieurs petites corolles monopétales que l'on nomme* fleurons.

SECTION PREMIÈRE.

Des herbes qui portent des fleurons qui ne laissent aucunes graines après eux (fleurons mâles); l'ambrosie.

SECTION DEUXIÈME.

Des herbes dont les fleurs sont composées de fleurons réguliers ramassés par gros bouquets dans la plupart des espèces, et dont les fleurons laissent chacun après eux une

Plantes. TOME II.   R

graine (noix) aigrettée dans presque tous
les genres; le chardon, l'artichaut, la bardane, le carthame, le bluet.

SECTION TROISIÈME.

Des herbes dont les fleurs sont composées
de fleurons réguliers ramassés par petits
bouquets, et qui laissent chacun après eux
une graine (noix) aigrettée; le seneçon, l'eupatoire, le cacalia.

SECTION QUATRIÈME.

Des herbes qui ont les fleurs à fleurons réguliers, qui laissent chacun après eux une
graine (noix) sans aigrette; l'absinthe, l'armoise, la tanaisie.

SECTION CINQUIÈME.

Des herbes qui ont les fleurs composées
de fleurons réguliers ramassés en boule, et
soutenus chacun par un calice particulier;
l'échinops.

SECTION SIXIÈME.

Des herbes qui ont les fleurs composées de
fleurons irréguliers ramassés par bouquets,
et soutenus chacun par un calice particulier;
la scabieuse, la globulaire, le dipsacus.

CLASSE XIII.

Les semi-flosculeuses, ou fleurs à demi-fleurons, fig. 31. — *Fleurs composées de plusieurs petites corolles monopétales en languette, que l'on nomme* demi-fleurons.

SECTION PREMIÈRE.

Des herbes qui ont des fleurs à demi-fleurons et dont les graines (noix) sont ai-grettées; le pissenlit, la piloselle, la laitue, le laitron, la scorsonère, le salsifis.

SECTION DEUXIÈME.

Des herbes qui ont les fleurs à demi-fleurons, et des graines (noix) sans aigrette; la chicorée.

C L A S S E X I V.

*Les radiées, ou fleurs en soleil, fig. 32.
— Fleurs composées de fleurons dans le
centre, et de demi-fleurons à la circonférence.*

SECTION PREMIÈRE.

Des herbes à fleurs radiées, et à graines
(noix) aigrettées ; l'aster, la verge d'or, le
tussilago farfara ou pas d'âne, le doronic.

SECTION DEUXIÈME.

Des herbes à fleurs radiées qui ont les
graines (noix) couronnées de paillettes ; le
tagetes ou œillet d'Inde, le soleil.

SECTION TROISIÈME.

Des herbes à fleurs radiées dont les graines
(noix) n'ont ni aigrettes, ni paillettes ; la paquerette, la matricaire, la camomille.

SECTION QUATRIÈME.

Des herbes qui ont les fleurs radiées et
les graines (noix) renfermées dans des capsules ; le souci.

SECTION CINQUIÈME.

Des herbes à fleurs radiées, composées de

fleurons au centre, et de folioles plates formant les rayons de la circonférence; la carline.

—————

CLASSE XV.

*Les apétales, ou fleurs à étamines, fig. 33.
— Fleurs dont les étamines et les pistils
ne sont pas entourés de pétales, ou bien
qui sont entourés de parties que Tournefort ne regarde pas comme des pétales,
parce qu'elles subsistent après la floraison,
et ne sont pas ordinairement colorées comme
les pétales des autres fleurs.*

SECTION PREMIÈRE.

Des herbes qui ont les fleurs à étamines dont la partie postérieure du calice devient le fruit; le cabaret, la poirée.

SECTION DEUXIÈME.

Des herbes qui ont les fleurs à étamines, et dont le pistil devient une graine (noix) enveloppée par le calice et la fleur; l'oseille, la patience, l'arroche, le chenopodium, la blète, la persicaire, le blé sarrazin.

SECTION TROISIÈME.

Des herbes qui ont les fleurs à étamines

et portent des graines (noix) contenant une farine nutritive, et des plantes qui ont de l'affinité avec elles; le blé, l'orge, le seigle, le riz, l'avoine, le millet.

SECTION QUATRIÈME.

Des herbes qui ont les fleurs à étamines dans des têtes écailleuses; le souchet.

SECTION CINQUIÈME.

Des herbes qui ont les fleurs à étamines séparées des fruits sur le même pied (monoïques); le typha ou massette, le maïs, le ricin.

SECTION SIXIÈME.

Des herbes qui ont les fleurs à étamines, qui naissent ordinairement sur des pieds qui ne portent aucun fruit, et dont les fruits naissent sur des pieds qui ne portent ordinairement aucunes fleurs (dioïques); la prèle, l'épinard, la mercuriale, le chanvre, le houblon.

CLASSE XVI.

Les apétales sans fleurs, fig. 34. — *De cette classe sont toutes les plantes qui n'ont point de fleurs apparentes, mais seulement*

des espèces de graines ordinairement dis-
posées sur le dos des feuilles.

SECTION PREMIÈRE.

Des herbes qui ne fleurissent pas, et qui portent leurs graines sur le dos des feuilles ; les fougères.

SECTION DEUXIÈME.

Des herbes qui n'ont point de fleurs, et qui portent leurs graines en grappe, en épi, ou dans des boîtes ; l'osmonde, l'ophioglosse, le lichen.

———

CLASSE XVII.

Les apétales sans fleurs ni graines appa-
rentes, fig. 35. — Tournefort a compris
dans cette classe toutes les plantes dont
les organes de la fructification lui étoient
absolument inconnus, et où il ne trouvoit
rien qui parut destiné à cet usage.

SECTION PREMIÈRE.

Des herbes dont on ne connoît ordinairement ni les fleurs, ni les graines, et qui se trouvent sur la terre ; les mousses, les champignons.

R 4

Des herbes dont on ne connoît ordinairement ni les fleurs, ni les graines, et qui
naissent au fond des eaux; les algues.

CLASSE XVIII.

*Arbres ou arbustes à fleurs apétales, ou à
étamines sans pétales, fig. 36. — De cette
classe sont tous les arbres dont les fleurs
n'ont pas de pétales, et ne sont pas portées
sur des chatons; les uns portent sur le
même individu la fleur et le fruit ensemble
ou séparément, et les autres portent des
fleurs sur un pied, et des fruits sur un
autre pied de la même espèce.*

SECTION PREMIÈRE.

Des arbres et des arbrisseaux dont les
étamines et les pistils sont dans la même
fleur (hermaphrodite); le caroubier.

SECTION DEUXIÈME.

Des arbres et des arbrisseaux qui ont les
fleurs à étamines, séparées des fruits sur
le même pied (monoïques); le buis, la camarine, l'ephedra.

SECTION TROISIÈME.

Des arbres et arbrisseaux dont les fleurs qui sont à étamines naissent sur des pieds qui ne portent point de fruits, et dont les fruits naissent sur des pieds qui ne portent pas de fleurs à étamines (dioïque); le térébinthe, le lentisque, l'argoussier, le figuier.

CLASSE XIX.

Arbres ou arbustes à fleurs apétales amentacées, fig. 57. — De cette classe sont tous les arbres dont les fleurs n'ont pas de pétales, mais sont disposées sur des chatons; les uns portent sur le même individu fleurs et fruits ensemble ou séparément, et les autres portent des fleurs sur un pied, et des fruits sur un autre.

SECTION PREMIÈRE.

Des arbres et des arbrisseaux dont les chatons sont séparés des fruits sur le même pied (monoïques), et dont les fruits sont osseux (noix); le noisetier, le charme.

SECTION DEUXIÈME.

Des arbres et des arbrisseaux dont les chatons sont séparés des fruits sur le même

pied (monoïque), et portent des graines
(noix) revêtues d'une enveloppe semblable
en quelque manière à un cuir léger ; le
chêne, le hêtre, le châtaignier.

SECTION TROISIÈME.

Des arbres et des arbrisseaux dont les
chatons sont séparés des fruits sur le même
pied (monoïque), et dont les fruits sont
écailleux (cônes) ; le sapin, le pin, le thuya,
le mélèze, le bouleau, l'aune.

SECTION QUATRIÈME.

Des arbres et des arbrisseaux dont les
chatons sont séparés des fruits sur le même
pied (monoïque), et dont les fruits sont ou
des baies simples, ou des baies composées ;
le cèdre, le génevrier, le mûrier, l'if.

SECTION CINQUIÈME.

Des arbres et des arbrisseaux dont les
chatons sont séparés des fruits sur le même
pied (monoïque), et dont les fruits (noix
membraneuse) sont ramassés en pelotons ;
le platane.

SECTION SIXIÈME.

Des arbres et des arbrisseaux dont certains pieds portent des chatons sans fruits ,

et dont certains autres pieds portent des fruits sans chatons (dioïque); le saule, le peuplier.

***

CLASSE XX.

Arbres ou arbustes à fleurs monopétales campaniformes ou infundibuliformes. — De cette classe sont tous les arbres qui ont des fleurs, dont les caractères sont les mêmes qui ont servi de base aux deux premières classes de la méthode pour les herbes.

SECTION PREMIÈRE.

Des arbres et des arbrisseaux qui ont les fleurs monopétales, et dont le pistil devient un drupe ou une baie molle, remplis de pepins; le nerprun, le troëne, l'arbousier.

SECTION DEUXIÈME.

Des arbres et des arbrisseaux à fleurs monopétales, dont le pistil devient un drupe ou une baie contenant un ou plusieurs noyaux; l'olivier, le houx.

SECTION TROISIÈME.

Des arbres et des arbrisseaux à fleurs monopétales, dont le pistil devient une graine

(noix) garnie d'une aile membraneuse ; l'orme.

SECTION QUATRIÈME.

Des arbres et arbrisseaux à fleurs mono-pétales, dont le pistil produit un fruit sec à plusieurs loges (capsule multiloculaire) ; le lilas , la bruyère.

SECTION CINQUIÈME.

Des arbres et des arbrisseaux à fleurs mono-pétales , dont le pistil devient un légume (ou un follicule) ; le nerion ou laurier rose, l'acacia.

SECTION SIXIÈME.

Des arbres et arbrisseaux à fleurs mono-pétales , dont le calice devient une baie ; l'obier , la viorne , l'airelle , le sureau , le chèvrefeuille.

SECTION SEPTIÈME.

Des arbres et arbrisseaux à fleurs mono-pétales pourvues d'étamines et séparées des fleurs à fruits (dioïque) ; le gui.

CLASSE XXI.

Arbres ou arbrisseaux à fleurs rosacées. — Cette classe renferme tous les arbres dont les fleurs ont les mêmes caractères que ceux qui ont été employés pour former la classe VI des herbes, les rosacées.

SECTION PREMIÈRE.

Des arbres et arbrisseaux à fleurs en rose, et dont le pistil devient une graine ou un fruit (noix ou capsule) qui n'a qu'une cavité ; le fustet, le sumac, le tilleul, le marronnier d'Inde.

SECTION DEUXIÈME.

Des arbres et arbrisseaux à fleurs en rose, dont le pistil devient une baie simple ou composée, ou un drupe ; le micocoulier, le lierre, la vigne ; l'épine-vinette, la ronce.

SECTION TROISIÈME.

Des arbres et des arbrisseaux à fleurs en rose, dont le pistil devient un fruit (capsule ou noix) divisé en deux ou plusieurs loges ; l'érable, le fusain.

SECTION QUATRIÈME.

Des arbres et des arbrisseaux à fleurs en

rose, dont le pistil devient un fruit composé de quelques graines (noix); le spiræa.

SECTION CINQUIÈME.

Des arbres et des arbrisseaux qui ont les fleurs en rose, et dont le fruit est un légume; le bonduc ou chicot.

SECTION SIXIÈME.

Des arbres et arbrisseaux à fleurs en rose, et dont le pistil devient un fruit qui contient des pepins (baie succulente); l'oranger.

SECTION SEPTIÈME.

Des arbres et des arbrisseaux à fleurs en rose, et dont le pistil devient un fruit à noyau (drupe); le prunier, l'abricotier, le jujubier.

SECTION HUITIÈME.

Des arbres et des arbrisseaux à fleurs en rose, dont le calice devient un fruit contenant des pepins (baie, pomme); le poirier, le pommier, le groseiller.

SECTION NEUVIÈME.

Des arbres et arbrisseaux à fleurs en rose, dont le calice devient un fruit à noyau (drupe ou baie); le cornouiller, le néflier.

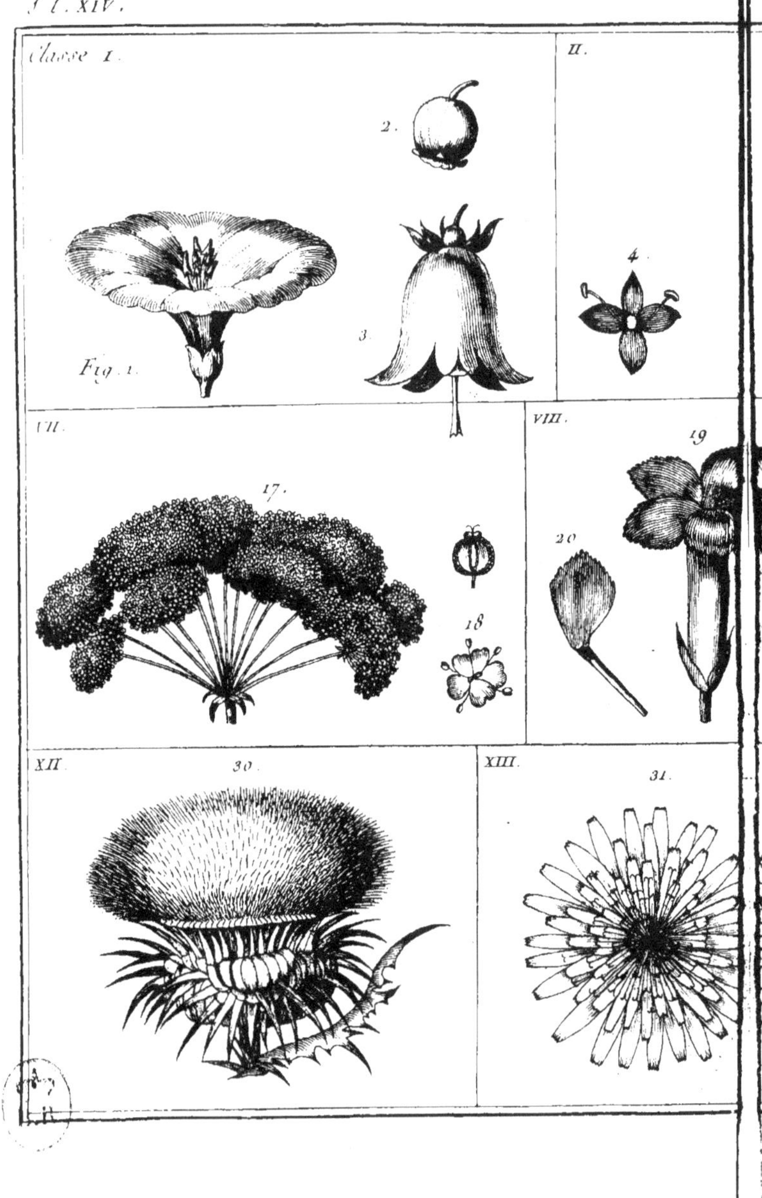

Classe I.
II.
2.
4.
3.
Fig. 1.
VII.
VIII.
19
17.
20
18
XII.
30.
XIII.
31.

CLASSE XXII.

Arbres ou arbustes à fleurs papillonacées ou légumineuses. — Cette dernière classe renferme tous les arbres dont les fleurs ont les mêmes caractères que ceux des herbes, classe X, les papillonacées.

SECTION PREMIÈRE.

Des arbres et des arbrisseaux à fleurs légumineuses, qui ont les feuilles simples et alternes le long des branches ; le genêt, le gaînier ou arbre de Judée.

SECTION DEUXIÈME.

Des arbres et arbrisseaux à fleurs légumineuses, et qui portent trois feuilles sur un pétiole ; l'anagyris ou bois puant, le cytise.

SECTION TROISIÈME.

Des herbes et des arbrisseaux à fleurs légumineuses, et qui portent des feuilles pennées ; le faux acacia, le baguenaudier.

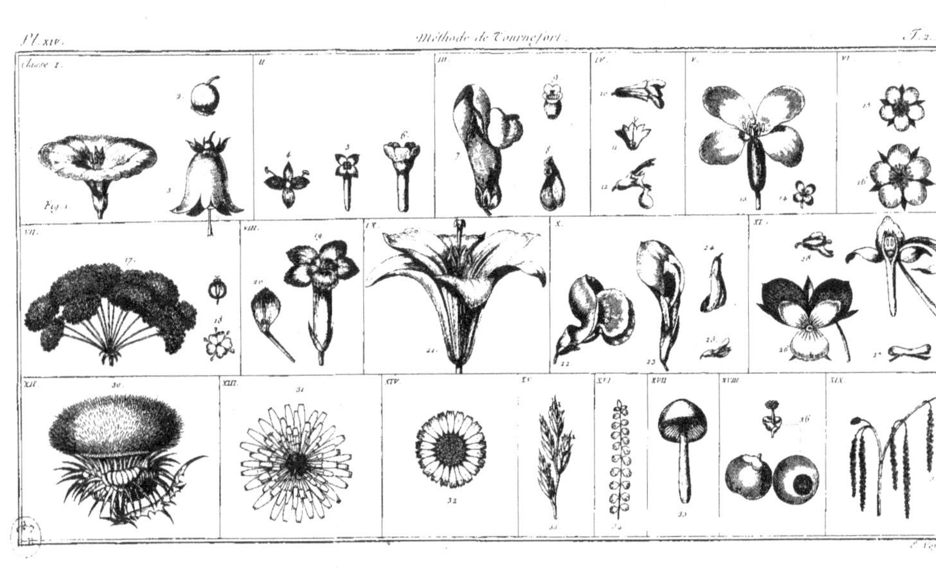
Classe I.
II.
III.
IV.
V.
VI.
VII.
VIII.
IX.
X.
XI.
XII.
XIII.
XIV.
XV.
XVI.
XVII.
XVIII.
XIX.

SYSTÊME DE LINNÆUS.

L E systême de Linnæus est le plus universellement répandu ; il a cela d'admirable que rien, de ce qui est connu, ne peut y échapper, et que tout ce qui se présente peut y être placé après coup.

Ce systême a pour base les parties sexuelles destinées à la reproduction des plantes. Les étamines sont les organes mâles, et les pistils les organes femelles. Ces organes sont apparens et visibles, ou bien ils sont peu connus et difficiles à apercevoir ; ces deux considérations forment la division générale du systême.

Dans la plupart des plantes dont les organes de la fructification sont apparens, les étamines et le pistil sont réunis dans la même fleur. Dans un plus petit nombre, ces deux organes se trouvent séparés dans des fleurs différentes : de là, la division de ces plantes en hermaphrodites et en unisexuelles.

Dans les plantes hermaphrodites, la plupart ont les étamines libres, c'est-à-dire,

qui

{ Tantòt qua

Les étamines é

Par les filet

Par les ant

D I C L I

Et

Sur le mêm

Sur des pie

Sur des pied

des fleurs

A peine VISIBLES

Tome II.

FLEURS VISIBLES

MONOCLINES OU HERMAPHRODITES.

Etamines et pistils dans la même fleur.

Les étamines n'étant unies par aucune de leurs parties , toujours égales , ou sans proportions respectives.

AU NOMBRE.	CLASSES.
D'une.	1. Monandrie.
De deux.	2. Diandrie.
De trois.	3. Triandrie.
De quatre.	4. Tétrandrie.
De cinq	5. Pentandrie.
De six.	6. Hexandrie.
De sept	7. Heptandrie.
De huit.	8. Octandrie.
De neuf.	9. Ennéandrie.
De dix.	10. Décandrie.
De douze	11. Dodécandrie.
Plusieurs, souvent 20, adhérentes au calice.	12. Icosandrie.
Plusieurs, jusqu'à 100, n'adhérant pas au calice.	13. Polyandrie.

Inégales , deux toujours plus courtes.

| Tantôt deux filets plus longs. | 14. Didynamie. |
| Tantôt quatre filets plus longs. | 15. Tétradynamie. |

Les étamines étant réunies par quelques-unes de leurs parties, ou avec le pistil.

Par les filets unis en un corps.	16. Monadelphie.
Deux corps.	17. Diadelphie.
Plusieurs corps.	18. Polyadelphie.
Par les anthères en forme de cylindre.	19. Syngénésie.
attachées au pistil.	20. Gynandrie.

DICLINES OU UNISEXUELLES.

Etamines et pistils dans des fleurs différentes.

Sur le même pied.	21. Monœcie.
Sur des pieds différens.	22. Diœcie.
Sur des pieds différens ou sur le même, avec des fleurs hermaphrodites.	23. Polygamie.
A peine VISIBLES , ou renfermés dans le fruit.	24. Cryptogamie.

TOME II.

qui ne sont réunies par aucune de leurs parties ; dans un plus petit nombre , elles sont réunies, c'est-à-dire , adhérentes entre elles , soit par les filets , soit par les anthères. Il y en a enfin où les étamines réunies sont insérées sur le pistil.

Ce système est divisé en vingt - quatre classes, chaque classe est subdivisée en plusieurs ordres ou sections , et chaque section en plusieurs genres , qui sont des groupes d'espèces.

Les onze premières classes sont uniquement caractérisées par le nombre des étamines , depuis une jusqu'à douze et plus , mais moins de vingt , toujours dans des fleurs hermaphrodites. Le caractère des ordres est pris du nombre des pistils.

. La douzième et la treizième classe comprennent les plantes à étamines libres et égales , mais en nombre indéterminé depuis vingt et au dessus. La différence d'insertion des étamines les caractérisent. Dans la douzième , elles sont insérées sur le calice ; dans la treizième , elles sont insérées sur le réceptacle. Le caractère des ordres est pris du nombre des pistils.

· La quatorzième et la quinzième classe sont caractérisées par le nombre et la proportion ou grandeur relative des étamines. Dans la quatorzième classe quatre étamines, dont deux longues et deux plus courtes. Dans la quinzième six étamines, dont quatre longues, et deux courtes opposées.

La connexion des étamines entre elles, soit par les filets, soit par les anthères, ou par leur adhérence au pistil, forme le caractère des cinq classes suivantes.

Dans la seizième, les étamines sont réunies par leurs filets en un seul corps. Dans la dix-septième, les étamines sont réunies par leurs filets en deux corps. Dans la dix-huitième, les étamines sont réunies par leurs filets en plus de deux corps. Dans la dix-neuvième, les étamines sont réunies par leurs anthères. Dans la vingtième, les étamines sont insérées et réunies le sur pistil.

Dans les seizième, dix-septième, dix-huitième et vingtième classes, le caractère des ordres est pris du nombre des étamines. Dans la dix-neuvième, il est pris de la polygamie des fleurs, c'est-à-dire, du mélange de fleurs mâles ou femelles avec des hermaphrodites.

Les classes vingt-unième et vingt-deuxième renferment les plantes unisexuelles, c'est-à-dire, dont les unes sont pourvues d'organes mâles ou étamines sans pistil , et les autres sont pourvues d'organes femelles ou pistils , mais sans étamines.

Dans la vingt-unième , les fleurs mâles et les fleurs femelles sont réunies sur le même individu.

Dans la vingt-deuxième , les fleurs mâles sont sur un individu , et les fleurs femelles sur un autre.

La vingt - troisième classe comprend les plantes qui ont des fleurs mâles , des fleurs femelles et des fleurs hermaphrodites sur un même individu , et d'autres qui ont les fleurs mâles et femelles portées sur des individus différens de celui qui porte les fleurs hermaphrodites.

Les caractères des ordres ou sections des vingt-unième et vingt-deuxième classes sont pris , soit du nombre des étamines , soit de la réunion par leurs filets , par leurs anthères, ou avec le pistil avorté.

Le caractère des ordres de la vingt-troisième classe est pris de la réunion des fleurs mâles , femelles ou hermaphrodites sur le même individu ou sur des individus dif- férens.

La vingt-quatrième et dernière classe du système de Linnæus comprend les plantes dont les organes de la fructification sont peu connus et difficiles à apercevoir ; ce qui provient de leur petitesse , de la différence de leur structure et de leur situation avec les organes des autres fleurs.

Il suit de cet exposé que tout le système est fondé sur les organes mâles et femelles des plantes, et que son illustre auteur a considéré la visibilité ou la presque invisibilité de ces organes, leur nombre, leur proportion, leur situation ou leur connexion.

Pour donner une juste idée de cette ingénieuse conception , il convient d'entrer dans des détails plus étendus, et de présenter la nomenclature des classes et des ordres avec quelques notes explicatives.

CLASSES ET SECTIONS.

I. FLEURS VISIBLES.

* *Fleurs monoclines ou hermaphrodites, c'est-à-dire, étamines et pistils dans la même fleur.*

Nota. LES treize premières classes comprennent les plantes qui ont des fleurs visibles, hermaphrodites, dont les étamines ne sont réunies par aucune de leurs parties, et qui n'ont point entre elles de différence constante et remarquable dans leur longueur. Les caractères des onze premières classes sont pris du nombre des étamines; ceux des ordres sont pris du nombre des pistils.

A. *Hermaphrodites à étamines libres, ne passant pas dix-neuf.*

PREMIÈRE CLASSE.

Monandrie, une seule étamine.

Premier ordre. Monogynie, un seul pistil : le balisier, la pesse d'eau, la salicorne.

Deuxième ordre. Digynie, deux pistils : la blète, le callitric.

SECONDE CLASSE.

Diandrie, deux étamines.

Premier ordre. Monogynie, un pistil; l'olivier, le jasmin, le lilas, la sauge.
Deuxième ordre. Digynie, deux pistils; la flouve.
Troisième ordre. Trigynie, trois pistils; le poivre.

TROISIÈME CLASSE.

Triandrie, trois étamines.

Premier ordre. Monogynie, un pistil; la valériane, l'iris, le safran, le tamarin.
Deuxième ordre. Digynie, deux pistils; le roseau, le froment, l'orge, le seigle.
Troisième ordre. Trigynie, trois pistils : l'holosteum, la mollugine.

QUATRIÈME CLASSE.

Tétrandrie, quatre étamines.

Premier ordre. Monogynie, un pistil; la globulaire, la scabieuse, le cornouiller.
Deuxième ordre. Digynie, deux pistils; la cuscute, la bufone, l'hamamelis.

Troisième ordre. Tétragynie, quatre pistils ; le houx, la sagine, le potamogeton.

CINQUIÈME CLASSE.

Pentandrie, cinq étamines.

Premier ordre. Monogynie, un pistil ; la bourrache, la douce-amère, le lierre, le chèvrefeuille, le groseiller, la pervenche, le porte-chapeau.

Deuxième ordre. Digynie, deux pistils ; l'orme, la vermiculaire, l'angélique, la gentiane, le panicaut, la ciguë, le cerfeuil, le carvi.

Troisième ordre. Trigynie, trois pistils ; le sumac, la viorne, le laurier-thim, le sureau, le tamarix.

Quatrième ordre. Tétragynie, quatre pistils ; le liseret ou *evolvulus*, la parnassie.

Cinquième ordre. Pentagynie, cinq pistils ; le lin, la statice, la crassule.

Sixième ordre. Polygynie, nombre de pistils indéterminé ; le myosure.

SIXIÈME CLASSE.

Hexandrie, six étamines.

Premier ordre. Monogynie, un pistil ; l'asperge, l'épine-vinette, le narcisse, l'ail, la jacinthe, le lis, la tulipe.

Deuxième ordre. Digynie, deux pistils; le riz.

Troisième ordre. Trigynie, trois pistils; le colchique, l'oseille.

Quatrième ordre. Tétragynie, quatre pistils; le petiveria.

Cinquième ordre. Polygynie, nombre de pistils indéterminé; le flûteau.

SEPTIÈME CLASSE.

Heptandrie, sept étamines.

Premier ordre. Monogynie, un pistil; le marronnier d'Inde.

Deuxième ordre. Digynie, deux pistils; le limeum.

Troisième ordre. Tétragynie, quatre pistils; le saururus.

Quatrième ordre. Heptagynie, sept pistils; le septas.

HUITIÈME CLASSE.

Octandrie, huit étamines.

Premier ordre. Monogynie, un pistil; la capucine, la bruyère, l'onagre ou herbe aux ânes, la lauréole.

Deuxième ordre. Digynie, deux pistils; le moerhingia.

Troisième ordre. Trigynie, trois pistils ; la renouée, le cardiospermum.

Quatrième ordre. Tétragynie, quatre pistils ; l'herbe à Pâris, la moscatelle.

NEUVIÈME CLASSE.

Ennéandrie, neuf étamines.

Premier ordre. Monogynie, un pistil ; le laurier.

Deuxième ordre. Trigynie, trois pistils ; la rhubarbe.

Troisième ordre. Hexagynie, six pistils ; le butome ou jonc fleuri.

DIXIÈME CLASSE.

Décandrie, dix étamines.

Premier ordre. Monogynie, un pistil ; la rue, l'arbre de Judée, la casse, l'arbousier.

Deuxième ordre. Digynie, deux pistils ; l'œillet, la saponaire, la dorine ou saxifrage dorée, l'hydrangelle.

Troisième ordre. Trigynie, trois pistils ; le silène, la sabline, la stellaire, le carnillet.

Quatrième ordre. Pentagynie, cinq pistils ; l'orpin, l'agrostème, le lychnis.

Cinquième ordre. Décagynie, dix pistils ; la phytolacca, le nevrada.

ONZIÈME CLASSE.

Dodécandrie, depuis douze jusqu'à dix-neuf
étamines.

Premier ordre. Monogynie, un pistil; le
cabaret, la boccone, la salicaire, le pourpier.

Deuxième ordre. Digynie, deux pistils;
l'aigremoine.

Troisième ordre. Trigynie, trois pistils;
l'euphorbe, le réséda.

Quatrième ordre. Pentagynie, cinq pistils;
la glinole.

Cinquième ordre. Dodécagymie, douze
pistils; la joubarbe.

B. *Hermaphrodites à étamines libres et*
au nombre de plus de dix-neuf.

Nota. Les caractères des classes sont pris du
nombre et de l'insertion des étamines;
ceux des ordres comme dans les classes
ci-dessus.

DOUZIÈME CLASSE.

Icosandrie, vingt étamines et plus, insérées
sur le calice.

Premier ordre. Monogynie, un pistil; le
syringa, le mirte, l'amandier, le prunier, le
grenadier.

Deuxième ordre. Digynie, deux pistils ; l'alisier.

Troisième ordre. Trigynie, trois pistils ; le sorbier.

Quatrième ordre. Pentagynie, cinq pistils ; le pommier, le poirier, le coignassier, le neflier.

Cinquième ordre. Polygynie, nombre de pistils indéterminé ; le rosier, la ronce, le fraisier, la potentille, la benoite.

TREIZIÈME CLASSE.

Polyandrie, vingt étamines et plus, insérées sur le réceptacle.

Premier ordre. Monogynie, un pistil ; le pavot, la chélidoine, le caprier, le tilleul, le ciste.

Deuxième ordre. Digynie, deux pistils ; la pivoine.

Troisième ordre. Trigynie, trois pistils ; l'aconit, le pied d'alouette.

Quatrième ordre. Tétragynie, quatre pistils ; la cimicaire cimicifuge.

Cinquième ordre. Pentagynie, cinq pistils ; la nigelle, l'ancolie.

Sixième ordre. Hexagynie, six pistils ; le stratiotes.

Septième ordre. Polygynie, nombre de pistils indéterminé; la renoncule, le tulipier, l'anémone, l'adonis, la fumeterre, la clématite.

C. *Hermaphrodites à étamines libres de longueur inégale.*

QUATORZIÈME CLASSE.

Didynamie, quatre étamines, dont deux longues et deux courtes.

Nota. Les caractères de la quatorzième et de la quinzième classe sont tirés de la grandeur proportionnelle des étamines, et ceux des ordres de la nature du péricarpe.

Premier ordre. Gymnospermie, quatre graines nues (noix) dans le calice; la lavande, l'hyssope, la menthe, la germandrée, le basilic, la melisse.

Deuxième ordre. Angiospermie, plusieurs graines renfermées dans un péricarpe (capsule); l'acanthe, l'euphraise, la scrophulaire, le muflier.

QUINZIÈME CLASSE.

Tétradynamie, six étamines, dont quatre longues et deux courtes.

Première ordre. Siliculeuse, dont le fruit

est une silicule ; la lunaire, le passerage,
le thlaspi, l'alysson, la cameline.

· *Deuxième ordre.* Siliqueuse, dont le fruit
est une silique ; la giroflée, le valar, le
choux, le cresson, la moutarde.

D. *Hermaphrodites à étamines réunies.*

Nota. Les trois classes suivantes comprennent les fleurs hermaphrodites, dont les
étamines, à peu près égales en hauteur,
sont réunies par leur filets ; les caractères
des classes sont pris du nombre de groupes
que forment les étamines réunies ; ceux
des ordres sont pris du nombre des étamines.

SEIZIÈME CLASSE.

*Monadelphie, étamines réunies par leurs
filets en un seul corps.*

Premier ordre. Triandrie, trois étamines ;
l'aphyteïa, le galaxia.

Deuxième ordre. Pentandrie, cinq étamines ; l'hermannia.

Troisième ordre. Octandrie, huit étamines ;
l'aitonia.

Quatrième ordre. Ennéandrie, neuf étamines ; le dryandra.

Cinquième ordre. Décandrie, dix étamines; le geranium.

Sixième ordre. Dodécandrie, depuis douze étamines jusqu'à dix-neuf; le pentapetes.

Septième ordre. Polyandrie, nombre d'étamines indéterminé; la guimauve, la passe-rose, la lavatère.

DIX-SEPTIÈME CLASSE.

Diadelphie, étamines réunies par leurs filets en deux corps.

Premier ordre. Pentandrie, cinq étamines; le monniera.

Deuxième ordre. Hexandrie, six étamines; la fumeterre.

Troisième ordre. Octandrie, huit étamines; le seuridaca, le polygala.

Quatrième ordre. Décandrie, dix étamines, dont neuf réunies, une séparée; le genèt, le lupin, l'ébénier, le haricot, le pois, le sain-foin, l'indigot, le lotier.

DIX-HUITIÈME CLASSE.

Polyadelphie, étamines réunies par leurs filets en plus de deux corps.

Premier ordre. Pentandrie, cinq étamines; le cacaoyer.

Deuxième ordre. Dodécandrie, depuis douze jusqu'à dix-neuf étamines ; le monsonia.

Troisième ordre. Icosandrie, vingt étamines et plus insérées sur le calice ; le citronier, l'oranger.

Quatrième ordre. Polyandrie, vingt étamines et plus, insérées sur le réceptacle ; l'ascyrum, le millepertuis.

DIX-NEUVIÈME CLASSE.

Syngénésie, étamines réunies par leurs anthères.

Nota. Le caractère dominant de cette classe est pris de la réunion des anthères ; celui des ordres est pris de la polygamie des fleurs ou des fleurons, mâles, femelles et hermaphrodites.

Premier ordre. Polygamie égale ou universelle, tous les fleurons dans un calice commun, et qui sont hermaphrodites ; la santoline, l'artichaut, la bardane, le salsifis, la chicorée.

Deuxième ordre. Polygamie superflue, les fleurons du milieu hermaphrodites, ceux de la circonférence femelles ; l'aurone, le baccharis, l'armoise, l'immortelle, la verge d'or.

Troisième ordre. Polygamie frustranée ;

les fleurons du milieu sont hermaphrodites;
ceux de la circonférence stériles; la centaurée, le tournesol.

Quatrième ordre. Polygamie nécessaire,
les fleurons du milieu mâles, ceux de la
circonférence femelles; le souci, l'othonne,
le silphium.

Cinquième ordre. Polygamie séparée, fleurons en plusieurs groupes, chaque groupe
ceint d'un calice commun partiel, tous les
groupes réunis dans un calice commun et
général; l'échinops, le sphérante.

Sixième ordre. Monogamie, fleurs simples,
c'est-à-dire, non composées, mais à anthères réunies; la lobelie, la violette, la
balsamine.

E. *Hermaphrodites à étamines réunies
au pistil.*

VINGTIÈME CLASSE.

Gynandrie, étamines insérées sur le pistil.

Nota. Le caractère de cette classe est pris
de l'union des étamines et des pistils,
ceux des ordres sont pris du nombre des
étamines.

Premier ordre. Diandrie, deux étamines;
l'orchis, le satyrion, l'elléborine.

Deuxième

Deuxième ordre. Triandrie, trois étamines; la bermudienne, le ferrare.

Troisième ordre. Tétrandrie, quatre étamines; la népenthe.

Quatrième ordre. Pentandrie, cinq étamines; la grenadille ou fleur de la passion.

Cinquième ordre. Hexandrie, six étamines; le pistia, l'aristoloche.

Sixième ordre. Octandrie, huit étamines; le scopolia.

Septième ordre. Décandrie, dix étamines; le kleinhovia, l'helicteres.

Huitième ordre. Dodécandrie, plus de douze étamines et moins de vingt; l'hipociste.

Neuvième ordre. Polyandrie, nombre indéterminé d'étamines; le pied de veau, la zostere.

** *Diclines ou unisexuelles, c'est-à-dire, étamines et pistils séparés sur le même individu ou sur des individus différens.*

La vingt-unième et la vingt-deuxième classe renferme les plantes dont les fleurs toujours unisexuelles, sont situées sur le même individu ou sur des pieds différens. Le caractère des classes est pris de la réunion de ces fleurs mâles et femelles sur le même individu, ou de leur séparation sur des individus différens; celui des ordres est pris soit du nombre des étamines, soit de leur réunion par leurs filets ou par leurs anthères, ou avec le pistil.

VINGT-DEUXIÈME CLASSE.

Monœcie, fleurs mâles et fleurs femelles distinctes, sur le même individu.

Premier ordre. Monandrie, une étamine; l'arbre à pain, la zanichelle.

Deuxième ordre. Diandrie, deux étamines; l'angourie, la lentille d'eau.

Troisième ordre. Triandrie, trois étamines; le maïs, la larmille.

Quatrième ordre. Tétrandrie, quatre étamines; le buis, le mûrier, le bouleau.

Cinquième ordre. Pentandrie, cinq étamines; le glouteron, l'ambrosie, l'amaranthe.

Sixième ordre. Hexandrie, six étamines; la zizania.

Septième ordre. Octandrie, huit étamines; le guettarda.

Huitième ordre. Polyandrie, nombre indéterminé d'étamines; le noyer, le coudrier, le chêne, le platane

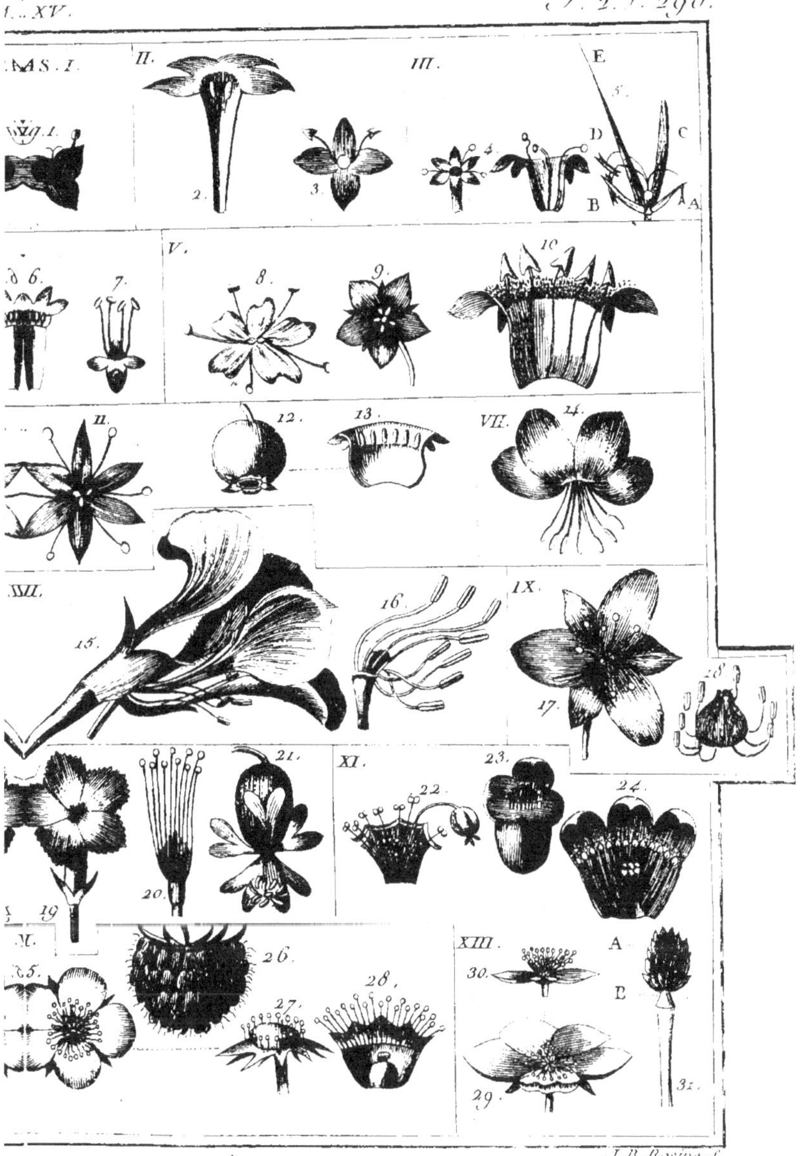

SYSTÈME SEXUEL DE LINNÆUS.

Neuvième ordre. Monadelphie, étamines réunies en un seul corps par leurs filets ; le pin, le sapin, le cyprès.

Dixième ordre. Syngénésie, étamines réunies en un seul corps par leurs anthères ; la citrouille, le concombre, la bryone.

Onzième ordre. Gynandrie, étamines insérées sur le pistil avorté ; l'andrachne, l'agyneya.

VINGT-DEUXIÈME CLASSE.

Diœcie, fleurs mâles sur un individu, fleurs femelles sur un autre individu.

Premier ordre. Monandrie, une étamine ; la naïade ou naïas.

Deuxième ordre. Diandrie, deux étamines ; le saule, la vallisnerie.

Troisième ordre. Triandrie, trois étamines ; la camarine, l'osyris.

Quatrième ordre. Tétrandrie, quatre étamines ; le gui, l'argoussier, le térébinthe.

Cinquième ordre. Pentandrie, cinq étamines ; le chanvre, le houblon, le pistachier.

Sixième ordre. Hexandrie, six étamines ; le smilax, le tamus ou sceau de notre dame.

Septième ordre. Octandrie, huit étamines ; le peuplier, le rhodiola ou orpin rose.

Huitième ordre. Ennéandrie, neuf étamines; la morène, la mercuriale.

Neuvième ordre. Décandrie, dix étamines; le redon.

Dixième ordre. Dodécandrie, nombre d'étamines depuis douze jusqu'à dix-neuf; le ménisperme, la cannabine.

Onzième ordre. Polyandrie, nombre d'étamines indéterminé; le cliffortia, l'hedycaria.

Douzième ordre. Monadelphie, les étamines réunies en un seul corps par leurs filets; le genevrier, la sabine, le cèdre, l'if.

Treizième ordre. Syngénésie, étamines réunies par les anthères; le fragon ou petit houx.

Quatorzième ordre. Gynandrie, étamines insérées sur le pistil avorté; la clutelle ou clutia.

VINGT-TROISIÈME CLASSE.

Polygamie, fleurs mâles et fleurs femelles, diversement combinées avec des fleurs hermaphrodites sur le même individu, ou sur des individus différens.

Nota. Le caractère de la classe est pris de la réunion des fleurs unisexuelles et hermaphrodites dans la même espèce; celui des ordres est pris de la réunion de ces fleurs sur le même individu, ou de leur répartition sur des individus différens.

Premier ordre. Monœcie, fleurs mâles et fleurs femelles, réunies sur le même individu avec des fleurs hermaphrodites; mais, comme la plupart des hermaphrodites ont une des parties sexuelles défectueuse, on divise cet ordre,

1° En fleurs hermaphrodites qui ont la partie mâle fertile, et dont la partie femelle est avortée; et d'autres qui ont la partie femelle fertile, tandis que la partie mâle ne l'est pas, mais toutes réunies sur le même individu; le bananier.

2° En fleurs hermaphrodites, jointes à des fleurs mâles, réunies sur le même individu; le micocoulier.

3° En fleurs hermaphrodites, jointes à des fleurs femelles sur le même individu; l'érable.

Deuxième ordre. Diœcie, fleurs mâles sur un individu, fleurs femelles sur un individu différent. Dans cet ordre, la polygamie s'opère comme dans l'ordre précédent,

1° Par les fleurs hermaphrodites, lorsque sur un individu la partie mâle est fertile, et que la partie femelle est avortée; et que, sur un autre individu, la partie femelle est seule fertile; l'érable.

2° Lorsque l'on trouve des fleurs hermaphrodites sur un individu, et des fleurs mâles sur un individu différent; le frêne.

3e Lorsque sur un individu on trouve des fleurs hermaphrodites, et sur d'autres des fleurs femelles; le févier.

Troisième ordre. Triœcie, des fleurs hermaphrodites seules sur un seul individu, sur d'autres individus des fleurs mâles, et sur d'autres des fleurs femelles; le caroubier, le figuier.

––––––

II. FRUCTIFICATION CACHÉE OU PEU VISIBLE.

VINGT-QUATRIÈME CLASSE.

Cryptogamie, plantes dont les parties nécessaires à la fructification sont peu connues, ou difficiles à apercevoir.

Premier ordre. Il comprend les *fougères,* plantes qui ont les feuilles roulées en crosse avant leur développement, la fructification disposée, tantôt sur le dos des feuilles, tantôt sur des épis distincts, ou placés dans des involucres près des racines.

Deuxième ordre. Il comprend les *mousses,* plantes qui ont la fructification située dans

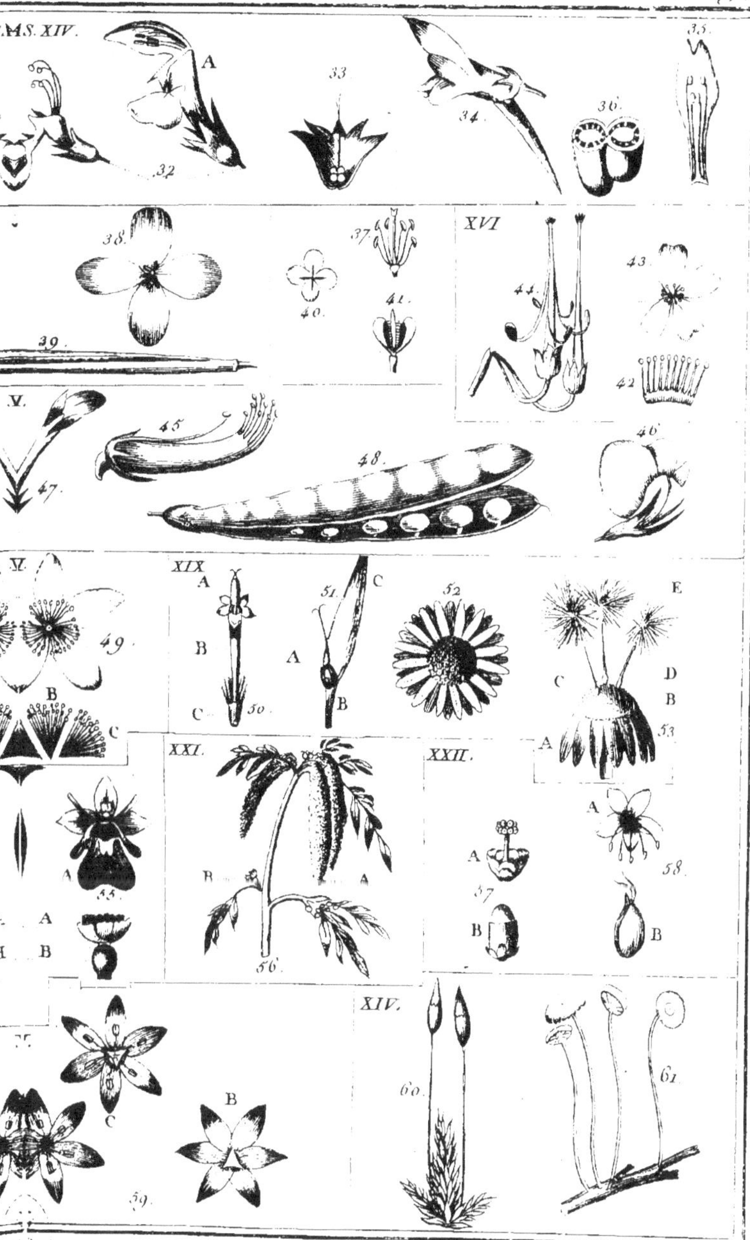
CL.S. XIV.
32
33
34
36
35
38
37
40
41
39
XVI
44
43
42
V.
45
47
48
46
V.
XIX
A
B
C
49
50
51
A
B
C
52
E
C
D
B
A
53
XXI.
B
A
XXII.
A
57
B
A
58
B
55
A
B
56
XIV.
60
61
A
C
B
59
SYSTÈME SEXUEL DE LINNÆUS.
J.B.Racine S.

des urnes pédicellées, rarement sessiles, le plus souvent couvertes d'une coiffe, ou d'un opercule.

Troisième ordre. Il comprend les *hépatiques* (1), qui ont la fructification en forme de globules, de cônes, de cornes, de tubes, s'ouvrant en quatre ou plusieurs valves, et contenant des poussières attachées à des fils élastiques dans la plupart.

Quatrième ordre. Il comprend les *algues;* substances pulvérulentes ou filamenteuses; ramifications sèches et fibreuses; extensions coriaces ou crustacées, quelquefois herbacées et comme feuillées; organes de la génération peu connus.

Cinquième ordre. Il comprend les *champignons*, plantes dépourvues de feuilles, ayant une consistance spongieuse et subreuse, chargée d'une poussière logée dans des sillons, des lames, des plis, des pores, des tubes, etc.

----

(1) Il est bon d'observer que Linnæus n'avoit établi que quatre ordres de plantes cryptogames; savoir : les *fougères*, les *mousses*, les *algues* et les *champignons*; et que ce sont les botanistes modernes qui ont séparé des algues les *hépatiques*, formant maintenant un cinquième ordre dans la cryptogamie.

METHODE DE JUSSIEU.

Cᴇᴛᴛᴇ Méthode est établie sur la forme de l'embryon, sur la position des étamines relativement au pistil, et sur l'absence, la présence et la forme de la corolle.

L'embryon n'a point de cotyledon, ou il en a un, ou il en a deux, de là trois grandes divisions : les *acotyledones*, les *monocotyledones*, et les *dicotyledones*.

Les étamines sont portées sur le pistil, ou sont placées dessous cet organe, ou enfin prennent naissance sur le calice qui l'environne ; de là une division secondaire : les *épigynes*, les *hypogynes* et les *périgynes*.

Cette insertion des étamines peut avoir lieu, soit immédiatement, soit par l'intermède de la corolle, et elle est ou *médiate*, ou *simplement immédiate*, ou *immédiate nécessaire*.

Elle est *médiate*, lorsque la fleur a une corolle sur laquelle les étamines sont attachées ; et dans ce cas la corolle est monopétale. Elle est *simplement immédiate*,

MÉTHODE DE JUSSIEU.

TOUTES LES PLANTES SONT :

Acotyledones, c'est-à-dire, sans cotyledons connus.......................... CLASSES I.

Monocotyledones, ou à 1 lobe séminal ; elles ont les étamines,
- Hypogynes (sur le réceptacle)... II.
- Périgynes (sur le calice)........ III.
- Epigynes (sur le pistil)......... IV.

Dicotyledones, ou à 2 lobes séminaux. Elles ont des fleurs

Hermaphrodites ou unisexuelles, non par l'absence, mais par l'avortement des étamines ou du pistil, et leurs fleurs sont :

Apétales, ayant les étamines,
- Epigynes......................... V.
- Périgynes .... VI.
- Hypogynes .... VII.

Monopétales, ayant la corolle,
- Hypogyne........................ VIII.
- Périgyne .... IX.
- Epigyne { et anthères réunies... X.
- Epigyne { et anthères distinctes. XI.

Polypétales, ayant les étamines,
- Epigynes........................ XII.
- Hypogynes .... XIII.
- Périgynes .... XIV.

ou unisexuelles vraies (dites diclines irrégulières)..................... XV.

TOME II.

lorsque la corolle, étant polypétale, les étamines sont attachées sur le calice, et quelquefois sur les pétales; enfin, elle est *immédiate nécessaire*, lorsque la fleur, n'ayant point de corolle, les étamines ont nécessairement et immédiatement leur insertion sur l'ovaire, à sa base, ou sur le calice.

On sentira mieux la valeur de ces expressions par l'application que nous en allons faire.

Les plantes acotyledones, n'ayant point d'organes sexuels apparens, on conçoit que la loi des insertions devient absolument nulle dans cette première grande division; aussi elle ne forme qu'une seule classe, dans laquelle l'auteur s'est borné à ranger les genres dans différens ordres. Elle est divisée en six ordres ou familles; les champignons, les algues, les hépatiques, les mousses, les fougères et les naïades.

Les monocotyledones, étant privées de corolle (1), ne peuvent avoir qu'un mode

---

(1) Je dois, dans cet exposé, partir des principes établis par l'auteur; c'est pourquoi je considère dans ce moment le périanthe simple des monocotyledones comme un vrai calice; soit qu'il ait une consistance herbacée, soit qu'il ait une consistance pétaloïde.

d'insertion, l'immédiate nécessaire ; mais elles ont les étamines épigynes, périgynes ou hypogynes; ce qui forme trois classes: la première, à étamines hypogynes, est divisée en quatre ordres; les aroïdes, les massettes, les souchets et les graminées : la deuxième, à étamines périgynes, est divisée en huit ordres; les palmiers, les asperges, les joncs, les lis, les ananas, les asphodèles, les narcisses, les iris : la troisième, à étamines épigynes, est divisée en quatre ordres; les bananiers, les balisiers, les orchidées, les morènes.

Les dicotyledones, beaucoup plus nombreuses que les acotyledones et les monocotyledones ensemble, ont exigé un plus grand nombre de classes, qui a été fourni par l'absence ou la présence de la corolle, organe très - secondaire en lui - même, mais qui devient essentiel par son union avec un organe principal. La fleur est apétale, monopétale et polypétale.

Quand la fleur est apétale, l'insertion des étamines est immédiate nécessaire, et elles sont, comme dans les monocotyledones, épigynes, périgynes et hypogynes; ce qui forme encore trois classes : la première, dicotyledone apétale à étamines épigynes, n'a qu'un ordre; les aristoloches : la deuxième, les périgynes, a six ordres; les chalefs, les thymélees, les protées, les lauriers, les polygonées, les arroches : la troisième, les hypogynes, se divise en quatre ordres; les amaranthes, les plantains, les nyctages, les dentelaires.

Lorsque la corolle est monopétale, l'insertion des étamines est médiate, c'est-à-dire, qu'elles ne sont point insérées sur le réceptacle, mais sur la corolle, et on retrouve dans cette insertion les mèmes différences d'hypogynie, de périgynie et d'épigynie. La première de ces classes, l'hypogynie, se divise en quinze ordres; les lisimachies, les pédiculaires, les acanthes, les jasminées, les gattiliers, les labiées, les scrophulaires, les solanées, les borraginées, les liserons, les polémoines, les bignones, les gentianes, les apocinées, les sapotilliers.

La périgynie comprend quatre ordres : les plaqueminiers, les rosages, les bruyères, les campanulacées.

L'épigynie se divise en deux classes. La première renferme les plantes à fleurs composées dont les étamines sont réunies par leurs anthères; elle comprend trois ordres : les chicoracées, les cinarocéphales et les

corymbifères. La seconde classe réunit les
plantes à étamines distinctes, et se divise
en trois ordres : les dispacées, les rubiacées
et les chèvrefeuilles.

Lorsque la corolle est polypétale, l'insertion des étamines est simplement immédiate,
et la division en épigynie, hypogynie et périgynie, a lieu comme dans les apétales et les
monopétales.

L'épigynie n'est composée que de deux
ordres ; les aralies et les ombellifères.

L'hypogynie en a vingt-deux ; les renonculacées, les papaveracées, les crucifères,
les capriers, les savoniers, les érables, les
malpighies, les millepertuis, les guttiers, les
orangers, les azéderachs, les vignes, les
geraines, les malvacées, les magnoliers, les
anones, les ménispermes, les vinettiers, les
tiliacées, les cistes, les rutacées et les caryophyllées.

La périgynie en a vingt-deux ; les joubarbes, les saxifrages, les cactes, les portulacées, les ficoïdes, les onagres, les myrtes, les
mélastomes, les saliçaires, les rosacées, les
légumineuses, les térébintacées, les nerpruns.

Ces différentes divisions ont fourni qua-
torze classes, et un de leurs caractères essentiels a été pris de la diverse situation des

étamines par rapport au pistil. Mais les
plantes dicotyledones, qui ont les organes
sexuels séparés sur différentes fleurs, n'ont
pu être soumises à la loi de l'insertion, car
ce caractère devient nul, lorsque ces deux
organes sont séparés et dans des fleurs différentes ; c'est ce qui a donné lieu à la quinzième et dernière classe, appelée dicline à
étamines idyogynes, c'est-à-dire, séparées
du pistil ; elle comprend cinq ordres, les
euphorbes, les cucurbitacées, les orties, les
amentacées, les conifères.

Cette méthode a pour but de réunir, autant qu'il est possible, tous les végétaux
dans un ordre qui maintienne les analogies
naturelles, et qui paroisse lier ensemble les
différens individus du règne végétal.

Les caractères que Jussieu regarde comme
essentiels et invariables, ont servi à déterminer les premières grandes divisions, les
classes ; chacune d'elles offre un caractère
général commun à tous les ordres qui la
composent.

Les caractères généraux et qui tiennent
le premier rang après les essentiels, ont
servi aux premières subdivisions : les ordres ;
et chaque ordre rappelle les caractères principaux des genres qui le composent.

Des sections plus ou moins nombreuses ont servi à distribuer les genres dans l'ordre. Le caractère des genres est simple. L'auteur a laissé de côté les caractères communs déjà énoncés dans la classe, l'ordre et la section, et n'a présenté que les signes qui sont communs à toutes les espèces de chaque genre.

On trouve à la fin de cette méthode une série de cent trente-sept genres, qui n'ont pas été compris dans les ordres précédens, soit parce qu'ils offrent des caractères qui pourroient les faire regarder comme appartenant à des familles inconnues, soit parce que les descriptions qui en ont été faites n'ont pas paru suffisantes à l'auteur pour les réunir aux ordres indiqués précédemment.

Je vais maintenant donner le caractère distinctif de chaque ordre d'après Ventenat. Ce savant, dans son tableau du règne végétal, a saisi avec beaucoup d'art les traits principaux qui distinguent chaque famille; je les réunis ici en y faisant quelques légers changemens qui ne touchent point au fond du travail, mais que j'ai cru nécessaire pour en faciliter l'intelligence.

I. PLANTES ACOTYLEDONES.

Embryon de la graine dépourvu de lobes séminaux, ou de cotyledons.

CLASSE I.

Nota. Les ordres que comprend cette classe ne présentent aucun caractère distinctif bien net. On trouve les plantes sans fleurs de Tournefort, ou les cryptogames de Linnæus. Je me contenterai de rappeler le nom des ordres, et de renvoyer le lecteur à mon exposé de la vingt-quatrième classe de Linnæus.

ORDRE PREMIER.

LES CHAMPIGNONS. Juss. Vent.

ORDRE SECOND.

LES ALGUES. Juss. Vent.

ORDRE TROISIEME.

LES HÉPATIQUES. Juss. Vent.

ORDRE QUATRIEME.

LES MOUSSES (1). Juss. Vent.

ORDRE CINQUIEME.

LES FOUGÈRES. Juss. Vent.

Nota. Dans les ordres naturels du savant Jussieu, c'est ici que se trouve placée la famille des naïades. Elle forme ainsi un sixième ordre dans ses acotyledones; mais Ventenat a jugé qu'il étoit plus convenable de placer ce groupe à la tête des monocotyledones, et comme je suis pas à pas l'analyse que cet habile botaniste a donnée de l'ouvrage de Jussieu, j'adopte ses réformes sans me jeter dans des discussions qui seroient déplacées pour le moment. La même raison me détermine à présenter d'abord les nouvelles dénominations introduites par Ventenat.

---

(1) Les mousses et les fougères sont des plantes monocotyledones. Voyez dans ma Physiologie le chapitre de la graine et de la germination.

II. PLANTES MONOCOTYLEDONES.

Embryon de la graine, formé de la radicule, de la plumule, et d'un seul lobe ou cotyledon.

CLASSE II.

PLANTES MONOCOTYLEDONES.

Etamines hypogynes.

ORDRE PREMIER.

LES FLUVIALES. Vent. LES NAÏADES. Juss.

Point d'albumen. La pesse, le volant d'eau, le potamogeton ou épi d'eau.

ORDRE SECOND.

LES AROÏDES. Juss. Vent.

Albumen charnu ou farineux, fructification en épi L'arum ou pied de veau, le calla.

ORDRE TROISIEME.

LES TYPHOÏDES. Vent. LES MASSETTES. Juss.

Albumen charnu ou farineux, fructification en chatons. La massette, le ruban d'eau.

TOME II.   V

ORDRE QUATRIEME.

LES CYPÉROÏDES. Vent. LES SOUCHETS. Juss.

Albumen farineux. Fructification en épi. Fleurs munies de paillettes. Un style. Le scirpe, le choin, le souchet.

ORDRE CINQUIEME.

LES GRAMINÉES. Juss. Vent.

Albumen farineux, fructification souvent en épi. Fleurs munies de glumes et de bâles. Deux styles. L'ivraie, le blé, le brome, le riz, le maïs, l'avoine, le seigle, l'orge.

CLASSE III.

PLANTES MONOCOTYLEDONES.

Etamines périgynes.

ORDRE PREMIER.

LES PALMIERS. Juss. Vent.

Fruit : drupe à une loge, une à trois graines osseuses. Frutification sur un spadix. Feuilles pennatiformes ou en éventail.

Le rotang, le dattier, le cocotier, le palmier éventail.

ORDRE DEUXIEME.

LES ASPARAGOÏDES. V LES ASPERGES. J.
Fleurs hermaphrodites. Baie à trois loges.
Le sang-dragon, l'asperge, le muguet.

ORDRE TROISIEME.

LES SMILACÉES. Vent. LES ASPERGES. Juss.
Fleurs diclines. Fruit à trois loges. La sal-
separeille, l'igname, le taminier ou sceau de
notre-dame.

ORDRE QUATRIEME.

LES JONCACÉES. Vent. LES JONCS. Juss.
Fleurs hermaphrodites. Capsule à trois
loges. Graines attachées à la paroi des valves,
ou attachées confusément à l'angle interne
des loges. Le bragalou des languedociens, le
jonc, la commeline, le colchique.

ORDRE CINQUIEME.

LES ALISMOÏDES. Vent. LES JONCS. Juss.
Plusieurs ovaires. Capsule à une loge ;
point d'albumen. Le butome ou jonc fleuri,
la flèche d'eau, le flûteau, l'alisma.

ORDRE SIXIEME.

LES LILIACÉES. Vent. LES LIS, LES ASPHO-
DELES. Juss.
Fleurs hermaphrodites. Capsule à trois

loges. Graines attachées au bord central des cloisons et presque toujours disposées sur deux rangs. Le lis, la tulipe, l'impériale l'asphodèle, l'hyacinthe, l'aloès, l'ail.

ORDRE SEPTIEME.

LES NARCISLOÏDES. Vent. LES NARCISSES, LES ANANAS. Juss.

Fleurs hermaphrodites. Ovaire adhérent. Six étamines. L'ananas, le perceneige, le narcisse, l'amaryllis, la tubéreuse.

ORDRE HUITIEME.

LES IRIDÉES. Vent. LES IRIS. Juss.

Fleurs hermaphrodites. Ovaire adhérent. Trois étamines. L'iris, le glayeul, le safran.

CLASSE IV.

PLANTES MONOCOTILEDONES.

Etamines épigynes.

ORDRE PREMIER.

LES SCITAMINÉES. Vent. LES BANANIERS. Juss.

Six étamines. Fruit à trois loges et à plusieurs graines. Le bananier, le ravenal.

ORDRE DEUXIEME.

LES DRYMYRRHIZÉES. Vent. LES BALISIERS.
Juss.

Une étamine. Fruit à trois loges et à plu‑
sieurs graines. Le balisier, le catimban, la
zédoaire, le gingembre.

ORDRE TROISIEME.

LES ORCHIDÉES. Juss. Vent.

Une étamine. Fruit à une loge et à plu‑
sieurs graines. L'orchis, l'ophris, l'ellébo‑
rine, la vanille, le satyrion.

ORDRE QUATRIEME.

LES HYDROCHARIDÉES. V. LES MORRÈNES.
Juss.

Neuf étamines ou un plus grand nombre.
Fruit à plusieurs loges. Le nénuphar, la
macre, l'hydrocharis ou morrène.

III. PLANTES DICOTYLEDONES.

Embryon de la graine formé de la radicule, de la plantule et de deux lobes séminaux.

CLASSE V.

PLANTES DICOTYLEDONES APÉTALES.

Etamines épigynes.

ORDRE PREMIER.

LES ASAROÏDES. Vent. LES ARISTOLOCHES. Juss.

Nota. Le caractère de la classe suffit pour indiquer l'ordre puisqu'il est seul.

CLASSE VI.

PLANTES DICOTYLEDONES APÉTALES.

Etamines périgynes.

ORDRE PREMIER.

LES ELÆAGNOÏDES. Vent. LES CHALEFS. Juss.

Etamines au sommet du tube du calice.

Ovaire adhérent. Albumen charnu. Le chalef ou olivier de Bohême, l'argoussier.

ORDRE DEUXIEME.

LES DAPHNOÏDES. Vent. LES THYMÉLÉES. Juss.

Etamines au sommet du tube du calice. Ovaire non adhérent. Point d'albumen. Radicule supérieure. Le garou, le lagetto ou bois dentelle, la passerine.

ORDRE TROISIEME.

LES PROTEOÏDES. Vent. LES PROTÉES. Juss.

Etamines au sommet des divisions du calice. Ovaire non adhérent. Point d'albumen. Radicule inférieure. Le protea, le banksia.

ORDRE QUATRIEME.

LES LAURINÉES. Vent. LES LAURIERS. Juss.

Etamines à la base du calice. Ovaire non adhérent. Point d'albumen. Radicule supérieure. Le laurier, le muscadier.

ORDRE CINQUIEME.

LES POLYGONÉES. Juss. Vent.

Etamines à la base du calice. Ovaire non adhérent. Albumen farineux entourant l'embryon. Radicule supérieure. Le raisinier, la renouée, l'oseille, la rhubarbe.

V 4

ORDRE SIXIEME.

LES CHENOPODÉES. Vent. LES ARROCHES. Juss.

Etamines à la base du calice. Ovaire non adhérent. Albumen farineux entouré par l'embryon. Radicule inférieure. La baselle, la soude, la bette, l'anserine.

CLASSE VII.

PLANTES DICOTYLEDONES APÉTALES.
Etamines hypogynes.

ORDRE PREMIER.

LES AMARANTHOÏDES. V. LES AMARANTHES. Juss.

Point de seconde enveloppe des parties de la génération, ou bien des écailles distinctes et pétaloïdes. Albumen farineux entouré par l'embryon. L'amaranthe, l'amaranthine, la panarine, l'herniole.

ORDRE DEUXIEME.

LES PLANTAGINÉES. Vent. LES PLANTAINS. Juss.

Tube intérieur monophylle, alongé, pétaloïde. Albumen corné entourant l'embryon. La pulicaire, le plantain.

ORDRE TROISIEME.

LES NYCTAGINÉS. Vent. LES NICTAGES. Juss.

Calice intérieur très-développé, pétaloide, environné quelquefois d'un calicule. Albumen entouré par l'embryon. La belle de nuit.

ORDRE QUATRIEME.

LES PLOMBAGINÉES. Vent. LES DENTELAIRES. Juss.

Un calice et une corolle. Albumen farineux entourant l'embryon ; la dentelaire, le statice.

—————

CLASSE VIII.

PLANTES DICOTYLEDONES MONOPÉTALES.

Corolle hypogyne.

ORDRE PREMIER.

LES PRIMULACÉES. Vent. LES LISIMACHIES, Juss.

Corolle régulière. Etamines opposées aux divisions de la corolle, et en nombre égal à ses divisions. Capsule ou baie à une loge. Placenta central libre. Graines nombreuses. La centenille, le mouron rouge, la lisimachie, le plumeau, la limoselle, la primevere, le ciclame.

ORDRE DEUXIEME.

LES OROBANCHOÏDES. Vent. LES PÉDICU-
LAIRES. Juss.

Corolle irrégulière. Etamines didynames.
Capsule à une loge. Placenta adné longitu-
dinalemeut au milieu des valves. Graines
nombreuses. L'orobanche, la clandestine.

ORDRE TROISIEME.

LES RHINANTHOÏDES. Vent. LES PÉDICU-
LAIRES. Juss.

Capsule à deux loges. Cloisons séminifères
opposées et continues aux valves. Graines
nombreuses. Albumen charnu. Le polygala,
la véronique, la calcéolaire, la pédiculaire,
l'eufraise, la cocrête, le mélampire.

ORDRE QUATRIEME.

LES ACANTHOÏDES. Vent. LES ACANTHES. Juss.

Corolle irrégulière. Capsule à deux loges.
Cloison opposée et continue aux valves, se
divisant du sommet à la base avec élasticité.
Divisions de la cloison munies de cordons
ombilicaux sous la forme de filamens crochus. L'acanthe, la carmantine.

ORDRE CINQUIEME.

LES LILACÉES. Vent. LES JASMINÉES. Juss.

Corolle régulière. Deux étamines. Capsule

à deux loges. Cloison opposée aux valves. Une à deux graines dans chaque loge. Le lilas, le fontanesia, le frêne.

ORDRE SIXIEME.

LES JASMINÉES. Juss. Vent.

Corolle régulière. Deux étamines. Baie tantôt à deux loges et à deux graines, tantôt à une loge contenant une à quatre graines. L'olivier, le filaria, le mogori, le jasmin, le troêne.

ORDRE SEPTIEME.

LES PYRÉNACÉES. Vent. LES GATTILIERS. Juss.

Etamines didynames. Fruit : ordinairement un péricarpe charnu, contenant un ou quatre osselets, rarement deux ou quatre graines agglutinées par un tissu cellulaire. Le gatti-lier, le lantana, la verveine.

ORDRE HUITIEME.

LES LABIÉES. Juss. Vent.

Corolle irrégulière. Ovaires à quatre lobes. quatre graines (quatre noix) attachées par leur base sur un placenta situé au fond du calice. Le romarin, la sauge, la bugle, la germandrée, la sarriette ; l'hyssope, la lavande, la menthe, l'ortie blanche, le thim, la marjolaine, la mélisse, la brunelle.

ORDRE NEUVIEME.

LES PERSONÉES. Vent. LES SCROPHULAIRES. Juss.

Corolle irrégulière. Etamines didynames. Capsule à deux loges, quelquefois à une loge par la contraction de la cloison. Cloison séminifère, parallèle, tantôt simple et continue aux valves qui ne se séparent pas entièrement ; tantôt double, formée par les rebords rentrans des valves qui s'ouvrent entièrement, et simplement contiguë à l'axe du fruit. Albumen charnu. L'utriculaire, la grassette, la scrophulaire, la linaire, le mufle de veau, la digitale.

ORDRE DIXIEME.

LES SOLANÉES. Juss. Vent.

Cinq étamines. Fruit ou de même nature et de même structure que celui des personées, ou baie à deux loges, quelquefois paroissant en avoir un plus grand nombre par la saillie des cloisons. Albumen charnu. Le bouillon blanc, la jusquiame, le tabac, la mandragore, la belladone, le coqueret, la pomme de terre, le piment, le liciet.

ORDRE ONZIEME.

LES SEBESTENIERS. Vent. LES BORRAGI-
NÉES. Juss.

Corolle régulière. Cinq étamines. Un ovaire simple. Un péricarpe charnu ou une capsule renfermant un petit nombre de graines. L'hydrophylle, le sébestier, l'ellisia, le cabrillet, le tournefortia.

ORDRE DOUZIEME.

LES BORRAGINÉES. Juss. Vent.

Corolle régulière. Cinq étamines. Ovaire à quatre lobes. Deux noix à deux graines, ou quatre noix à une graine, appliquées latéralement contre la base du style. Le melinet, l'héliotrope, la vipérine, la pulmonaire, la consoude, la scorpione, la buglosse, la bourrache, la rappette, la cynoglosse.

ORDRE TREIZIEME.

LES CONVOLVULACÉES. Vent. LES LISE-
RONS. Juss.

Corolle regulière. Cinq étamines. Fruit en capsule. Angle du placenta central, se prolongeant en saillies correspondantes aux sutures des valves sans y adhérer. Le liseron, le quamoclit.

O R D R E   Q U A T O R Z I E M E.

LES POLÉMONACÉES. V. LES POLÉMOINES. J.

Corolle régulière. Cinq étamines. Capsule à trois loges. Cloisons élevées sur le milieu des valves, et correspondantes aux angles d'un placenta central et triangulaire. Le diapensia, le phlox, le polémoine.

O R D R E   Q U I N Z I E M E.

LES BIGNONÉES. Vent. LES BIGNONES. Juss.

Corolle irrégulière. Capsule à deux loges. Cloison parallèle ou opposée aux valves, tantôt simplement contiguë, tantôt continue et munie alors d'ailes qui divisent les loges. Point d'albumen. Le catalpa, la bignone, le martynia.

O R D R E   S E I Z I E M E..

LES GENTIANÉES. Vent. LES GENTIANES. Juss.

Corolle régulière. Capsule à une à deux loges. Valves formant par leurs bords rentrans une demi-cloison, quelquefois une cloison entière. Graines attachées sur les bords ou sur les parois des valves. La gentiane, le chlora, la gentianelle.

O R D R E   D I X - S E P T I E M E.

LES APOCINÉES. Juss. Vent.

Corolle régulière. Cinq étamines. Deux

ovaires ; deux follicules membraneux quelquefois charnus. La pervenche , le laurier
rose , l'asclépias.

ORDRE DIX-HUITIEME.

LES HILOSPERMÉS. Vent. LES SAPOTILLIERS.
Juss.

Corolle régulière. Baie ou drupe à une
à plusieurs loges. Loges à un seule graine.
Graines grandes , osseuses , luisantes , marquées d'un ombilic latéral , très - long. Le
sapotillier , le bassia ou illipé , l'argan.

CLASSE IX.

PLANTES DICOTYLEDONES MONOPÉTALES.

Corolle perigyne.

ORDRE PREMIER.

LES ÉBÉNACÉES. Vent. LES PLAQUEMINIERS.
Juss.

Fruit à plusieurs loges ; loges à une
graine. L'ébénier , le styrax ou aliboufier ,
le symplocos.

ORDRE DEUXIEME.

LES RHODORACÉES. Vent. LES ROSAGES.
Juss.

Fruit à plusieurs loges ; loges à plusieurs

graines. Cloisons formées par les rebords rentrans des valves. Placenta général. Le kalmia, le rhododendrum, l'azalée, le ledum.

ORDRE TROISIEME.

LES BICORNES. Vent. LES BRUYÈRES. Juss.

Fruit à plusieurs loges; loges à plusieurs graines. Cloisons attachées longitudinalement sur le milieu des valves. Placenta central. Anthères fourchues ou à deux cornes.

La bruyère, l'andromède, l'arbousier, la pyrole, l'airelle.

ORDRE QUATRIEME.

LES CAMPANULACÉES. Juss. Vent.

Fruit à plusieurs loges, s'ouvrant par des trous situés, ou au sommet, ou à la base, sur les côtés. Loges à plusieurs graines; graines attachées à l'angle intérieur des loges. La campanule, le phyteuma, le lobelia.

CLASSE X.

PLANTES DICOTYLEDONES MONOPÉTALES.

Corolle épigyne, anthères réunies.

Nota. Les trois ordres que renferme cette classe n'ont réellement aucun caractère distinctif; nous nous en tiendrons donc à les

les nommer et à citer quelques exemples
saillans.

ORDRE PREMIER.

LES CHICORACÉES. Juss. Vent.

Nota. Cet ordre comprend toutes les demi-
flosculeuses de Tournefort.

La chicorée, le pissenlit, la lampsane, le
laitron, l'épervière, la scorsonère, le salsifis.

ORDRE DEUXIEME.

LES CINAROCÉPHALES. Juss. Vent.

Nota. Cet ordre comprend une partie des
flosculeuses de Tournefort.

La carthame, la carline, l'artichaut, le
chardon, la bardane, le bluet, la sarrète.

ORDRE TROISIEME.

LES CORYMBIFÈRES. Juss. Vent.

Nota. Cet ordre comprend les radiées de
Tournefort, et une partie de ses flosculeuses.

L'eupatoire, la santoline, la camomille,
la millefeuille, le soleil, l'érigeron, l'aster,
la verge d'or, l'aulnée, le tussilage, l'œillet
d'Inde, la pâquerette, le souci, la tanaisie,
l'armoise, l'absinthe.

CLASSE XI.

PLANTES DICOTYLEDONES MONOPÉTALES.
Corolle épigyne, anthères distinctes.

ORDRE PREMIER.

LES DISPACÉES. Juss. Vent.

Une seule graine couronnée par le calice intérieur. Albumen charnu, entourant l'embryon.

Feuilles opposées, dépourvues de stipules.

Le dipsacus ou chardon à foulon, la scabieuse, la valériane, la mâche.

ORDRE DEUXIEME.

LES RUBIACÉES. Juss. Vent.

Deux graines nues, ou un péricarpe à une ou plusieurs loges. Embryon petit, entouré d'un albumen corné et très-grand.

Feuilles verticillées ou opposées, et réunies, soit par une gaîne ciliée, soit par des stipules intermédiaires.

L'aspérule, le caille-lait, la crucianelle, la croisette, la garance, le quinquina, le caffeyer, le génipayer.

ORDRE TROISIEME.

LES CAPRIFOLIACÉES. Vent. LES CHÈVRE-FEUILLES. Juss.

Péricarpe à une ou plusieurs loges. Embryon placé dans une petite cavité située au sommet d'un albumen charnu.

Feuilles quelquefois alternes, plus souvent opposées, toujours dépourvues de stipules.

Le camérisier, le chèvrefeuille, la viorne, le sureau, le cornouiller, le lierre.

CLASSE XII.

PLANTES DICOTYLEDONES POLYPÉTALES.

Etamines épigynes.

ORDRE PREMIER.

LES ARALIACÉES. Vent. LES ARALIES. Juss.

Graines renfermées dans un péricarpe; l'aralie, le ginseng.

ORDRE DEUXIEME.

LES OMBELLIFÈRES. Juss. Vent.

Graines nues (noix composées); la podagraire, le boucage, le carvi, le persil, le panais, le cerfeuil, la coriandre, l'angélique, la ciguë, la carotte, la sanicle, le panicaut.

C L A S S E X I I I.

PLANTES DICOTYLEDONES POLYPÉTALES.
Etamines hypogynes.

O R D R E P R E M I E R.

LES RENONCULACÉES. Juss. Vent.

Plusieurs ovaires. Albumen corné. Embryon droit, situé dans une cavité qui se trouve au sommet de l'albumen ; radicule inférieure.

Tige presque toujours herbacée. Feuilles alternes. Anthères adnées aux filamens.

La clématite, le pigamon, l'anémone, la renoncule, l'ellébore.

O R D R E D E U X I E M E.

LES TULIPIFÈRES. Vent. LES MAGNOLIERS. Juss.

Plusieurs ovaires. Albumen charnu. Embryon droit situé à la base de l'albumen. Radicule supérieure.

Tige frutescente ou arborescente. Feuilles alternes. Anthères adnées aux filamens.

La badiane, le magnolier, le tulipier.

O R D R E T R O I S I E M E.

LES GLYPTOSPERMES. Vent. LES ANONES. Juss.

Plusieurs ovaires. Albumen cartilagineux,

sillonné transversalement. Embryon situé à l'ombilic.

Tige frutescente ou arborescente. Feuilles alternes. Six pétales disposées sur deux rangs.

Le corossol.

ORDRE QUATRIEME.

LES MENISPERMOÏDES. Vent. LES MENIS-PERMES. Juss.

Plusieurs ovaires. Albumen charnu à deux loges. Embryon situé au sommet de l'albumen ; lobes contenus chacun dans une des loges de l'albumen.

Feuilles alternes. Graines en forme de reins.

Le menisperme, le cissampelos.

ORDRE CINQUIEME.

LES BERBÉRIDÉES. Vent. LES VINETTIERS. Juss.

Un ovaire. Albumen charnu. Embryon droit ; lobes planes.

Feuilles alternes. Anthères s'ouvrant de la base au sommet.

L'épine-vinette, l'épimède, l'hamamelis.

ORDRE SIXIEME.

LES PAPAVERACÉES. Juss. Vent.

Un ovaire. Albumen charnu. Embryon droit ; lobes cylindriques.

Feuilles alternes. Calice souvent à deux feuilles, et
caduc.

L'argemone, le pavot, la chélidoine.

O R D R E   S E P T I E M E.

LES CRUCIFÈRES. Juss. Vent.

Un ovaire. Point d'albumen. Radicule
courbée sur les lobes qui sont planes.

Feuilles alternes. Etamines tétradynames.

Le radis, la moutarde, le chou, la rave,
la giroflée, le cresson, la lunaire, le thlaspi,
la rose de Jéricho, le pastel.

O R D R E   H U I T I E M E.

LES CAPPARIDÉES. Vent. LES CAPRIERS. Juss.

Un ovaire. Point d'albumen. Radicule
courbée sur les lobes qui sont cylindriques.

Feuilles alternes. Etamines presque toujours en
nombre indéterminé, et jamais tétradynames.

Le mozambé, le caprier, le durion.

O R D R E   N E U V I E M E.

LES SAPONACÉES. Vent. LES SAVONIERS.
Juss.

Un ovaire. Point d'albumen. Radicule
courbée sur les lobes qui sont eux-mêmes
recourbés.

Feuilles alternes. Pétales souvent doublés à leur onglet. Presque toujours huit étamines.

Le savonier, le paullinia.

ORDRE DIXIEME.

LES MALPIGHIACÉES. Vent. LES MALPIGHIES
ET LES ÉRABLES. Juss.

Ovaire simple ou à trois lobes. Point d'albumen. Radicule courbée sur les lobes lorsqu'ils sont droits, ou radicule droite et lobes repliés par le bas.

Feuilles opposées, quelquefois munies de stipules. Souvent cinq pétales onguiculés.

Le marronnier d'Inde, l'érable, la malpighie.

ORDRE ONZIEME.

LES HYPÉRICOÏDES. Vent. LES MILLEPERTUIS. Juss.

Ovaire simple. Point d'albumen. Embryon droit; radicule inférieure; lobes demi-cylindriques.

Feuilles opposées, souvent ponctuées. Etamines polyadelphes. Graines très-petites.

Le millepertuis.

ORDRE DOUZIEME.

LES GUTTIFÈRES. Vent. LES GUTTIERS. Jus.

Ovaire simple. Point d'albumen. Embryon droit; radicule inférieure; lobes coriaces, planes.

Etamines presque toujours libres. Graines très-grandes.

Le guttier, le toxvomite.

ORDRE TREIZIEME.

LES HESPÉRIDÉES. Vent. LES ORANGERS. Juss.

Ovaire simple. Point d'albumen. Embryon droit. Radicule supérieure ; lobes charnus planes, convexes.

Feuilles alternes, souvent ponctuées.

Le wampi de la Chine, l'oranger, le thé.

ORDRE QUATORZIEME.

LES MÉLIACÉES. Vent. LES AZÉDARACHS. Jus.

Ovaire simple. Point d'albumen, ou albumen charnu. Embryon droit, quelquefois arqué.

Feuilles alternes. Anthères au sommet ou sur la face interne d'un tube formé par la réunion des étamines.

Le quivi, le hantol des Philippines, l'azédarach.

ORDRE QUINZIEME.

LES SARMENTACÉES. Vent. LES VIGNES. Jus.

Ovaire simple. Point d'albumen. Embryon droit ; radicule inférieure ; lobes planes.

Feuilles alternes, munies de stipules. Pétales dilatés à leur base. Graines osseuses.

La vigne, le cissus.

ORDRE SEIZIEME.

LES GÉRANIOÏDES. Vent. LES GERAINES. Juss.

Ovaire simple. Point d'albumen. Radidule un peu courbée ; lobes repliés sur eux-mêmes de bas en haut.

Feuilles munies de stipules. Etamines réunies en à anneau leur base. Pétales distincts.

Le geranium, la capucine.

ORDRE DIX-SEPTIEME:

LES MALVACÉES. Juss. Vent.

Ovaire simple. Point d'albumen. Lobes de l'embryon courbés sur la radicule, froncés ou recroquevillés. Feuilles alternes, munies de stipules.

Filets des étamines, tantôt réunis en un tube cylindrique couvert d'anthéres éparses, tantôt réunis simplement en anneau à leur base. Pétales adhérens à la base du tube cylindrique.

La mauve, la guimauve, le sida, la ketmie, le cotonnier, le baobab, le cacaoyer.

ORDRE DIX-HUITIEME.

LES TILIACÉES. Juss. Vent.

Ovaire simple. Albumen charnu. Embryon quelquefois un peu courbé ; lobes planes.

Feuilles alternes munies de stipules. Etamines en

nombre déterminé et monadelphes, ou en nombre indéterminé et distinctes.

Le ramontchi, le grewia, le tilleul.

ORDRE DIX-NEUVIEME.

LES CISTOÏDES. Vent. LES CISTES. Juss.

Ovaire simple. Albumen charnu. Radicule courbée sur les lobes, ou embryon roulé en spirale.

Etamines nombreuses et distinctes.

Le ciste, l'héliantème.

ORDRE VINGTIEME.

LES RUTACÉES. Vent. Juss.

Ovaire simple. Albumen charnu, ou quelquefois point d'albumen. Embryon droit; lobes foliacés.

Etamines presque toujours au nombre de dix. Filamens distincts.

La rue, la fraxinelle, la herse.

ORDRE VINGT-UNIEME.

LES CARYOPHYLÉES. Juss. Vent.

Ovaire simple. Embryon courbé ou roulé en spirale. Albumen farineux central.

Feuilles opposées, rarement verticillées.

La morgeline, la spargoute, le ceraiste, la stellaire, la saponaire, l'œillet.

CLASSE XIV.

PLANTES DICOTYLEDONES POLYPÉTALES.

Etamines périgynes.

ORDRE PREMIER.

LES PORTULACÉES. Juss. Vent.

Albumen farineux central. Embryon courbé ou annulaire.

Corolle insérée à la base ou au milieu du calice.

Le pourpier, le tamaris.

ORDRE DEUXIEME.

LES FICOÏDÉES. Vent. LES FICOÏDES. Juss.

Albumen farineux central ou latéral. Embryon courbé ou annulaire.

Corolle insérée au sommet du calice.

La glinole, le ficoïde.

ORDRE TROISIEME.

LES SUCCULENTES. Vent. LES JOUBARBES. Juss.

Albumen charnu. Embryon droit. Radicule inférieure.

Plusieurs ovaires.

La tillée, la crassule, le cotylet, l'orpin, la joubarbe.

O R D R E   Q U A T R I E M E.

LES SAXIFRAGÉES. Vent. LES SAXIFRAGES. Juss.

Albumen charnu. Embryon droit. Radicule inférieure.

Ovaire simple. Deux styles. Fruit surmonté de deux pointes. Feuilles sans stipules.

La saxifrage, la dorine, la moscatelle.

O R D R E   C I N Q U I E M E.

LES CACTOÏDES. Vent. LES CACTES. Juss.

Albumen nul. Embryon courbé ou presque en spirale.

Etamines en nombre indéterminé. Pétales nombreux.

Le groseiller, le cassis, le cierge.

O R D R E   S I X I E M E.

LES MÉLASTOMÉES. Vent. LES MÉLASTOMES. Juss.

Point d'albumen. Embryon courbé.

Etamines en nombre déterminé et double de celui des pétales. Filets garnis de deux soies. Anthères recourbées au sommet. Pétales insérés au sommet du calice. Loges du fruit à plusieurs graines.

Les mélastomes.

O R D R E   S E P T I E M E.

LES CALYCANTHÈMES. Vent. LES SALICAIRES. Juss.

Point d'albumen. Embryon droit. Radicule inférieure.

Etamines en nombre déterminé. Ovaire libre. Feuilles dépourvues de stipules.

La salicaire, le lagerstromia.

ORDRE HUITIEME.

LES ÉPILOBIÉNES. Vent. LES ONAGRES. Juss.

Point d'albumen. Embryon droit.

Etamines en nombre déterminé. Ovaire adhérent. Feuilles sans stipules.

L'épilobe, l'onagre, le santal, le fuchsia.

ORDRE NEUVIEME.

LES MYRTOÏDES. Vent. LES MYRTES. Juss.

Point d'albumen. Embryon droit ou courbé.

Etamines en nombre indéterminé. Pétales en nombre déterminé. Feuilles sans stipules, souvent ponctuées.

L'angolan, le goyavier, le myrte, le giroflier, le syringa, le pagapate.

ORDRE DIXIEME.

LES ROSACÉES. Juss. Vent.

Point d'albumen. Embryon droit.

Etamines presque toujours en nombre indéterminé. Feuilles alternes, munies de stipules.

Le pommier, le poirier, le nèflier, le rosier, la pimprenelle, l'aigremoine, le framboisier, le prunier, le pêcher, l'abricotier.

ORDRE ONZIEME.

LES LÉGUMINEUSES. Juss. Vent.

Point d'albumen. Embryon quelquefois courbé. Corolle souvent papillonacée.

Etamines presque toujours réunies par leurs filets. Fruit légumineux.

La sensitive, le févier, la casse, le gaînier, le genêt, le cytise, la crotalaire, le lupin, le trèfle, le mélilot, la luzerne, le fenu-grec, le haricot, le baguenaudier, l'indigotier, le pois, l'orobe, la vesce, la fève, la lentille.

ORDRE DOUZIEME.

LES TÉREBINTACÉES. Juss. Vent.

Point d'albumen. Embryon courbé. Corolle régulière. Pétales insérés à la base du calice.

Etamines libres en nombre déterminé. Loges du fruit à une graine.

Le sumac, l'acajou, le lentisque, le monbin, l'aylantus.

ORDRE TREIZIEME.

LES RHAMNOÏDES. Vent. LES NERPRUNS. Juss.

Albumen charnu. Embryon droit.

Ovaire simple. Feuilles munies de stipules.

Le staphylin, le fusain, le houx, l'apalachine, le nerprun, le jujubier, l'argalou.

CLASSE XV.

PLANTES DICOTYLEDONES APÉTALES.

Etamines idiogynes, ou séparées du pistil.

ORDRE PREMIER.

LES TITHYMALOÏDES. V. LES EUPHORBES. J.

Fruit formé de deux ou de plusieurs coques. Albumen charnu. Cotyledons planes.

Etamines portées sur le réceptacle. Plantes communément laiteuses.

La mercuriale, l'euphorbe, le clutia, le buis, le ricin, le manioc, le mancenillier, le hura.

ORDRE DEUXIEME.

LES CUCURBITACÉES. Juss. Vent.

Baie à écorce ordinairement solide. Point d'albumen.

Anthères formées souvent de lignes qui serpentent côte à côte. Tige sarmenteuse, rampante et grimpante.

La bryone, le momordica ou pomme de merveille, le melon, le potiron, l'anguine.

ORDRE TROISIEME.

LES URTICÉES. Vent. LES ORTIES. Juss.

Fleurs distinctes ou rassemblées dans un involucre commun. Fruit: tantôt une seule

graine recouverte d'un arille, nue ou recouverte par le calice; tantôt plusieurs graines
portées sur le même réceptacle, ou renfermées dans le même involucre. Point d'albumen.

Plantes souvent laiteuses. Feuilles presque toujours
rudes au toucher.

Le figuier, l'ambora ou bois tambour, le
dorstenia ou contrayerva, l'arbre à pain, le
mûrier, l'ortie, la pariétaire, le houblon,
le chanvre.

ORDRE QUATRIEME.

LES AMENTACÉES. Juss. Vent.

Fleurs disposées en chatons. Graines nues,
ou capsules presque toujours à une logé.
Point d'albumen. L'orme, le micocoulier,
le saule, le peuplier, le galé, le bouleau,
le charme, le châtaignier, le chêne, le coudrier, le platane.

ORDRE CINQUIEME.

LES CONIFÈRES. Juss. Vent.

Fruits en forme de cône. Albumen charnu. Cotyledons cylindriques.

Fleurs mâles, souvent disposées en chatons. Feuilles
toujours vertes.

Le filao de Madagascar, l'if, le genevrier,
le cyprès, le thuya, le pin, le sapin.

TABLE

TABLE

Des matières contenues dans ce second et dernier Volume.

Fin de la Table.

EXPLICATION DES PLANCHES.

PLANCHE III.

Racines.

1 Racine rameuse, oblique.
2 —— en chapelet.
3 —— chevelue ou fibreuse.
4 —— en fuseau ou fusiforme, pivotante.
5 et 6 —— rampantes.
7 —— scrotiforme, ou didyme.
8 —— articulée, écailleuse, horisontale.
9 —— bulbeuse; voyez ce qui est dit tom. II,
pages 120 et 121.
10 Bulbe prolifère, tom. II, pag. 121.
11 Racine tubéreuse simple.
12 —— horisontale, tubéreuse, articulée, tronquée.
13 Bulbe tuniqué.
14 Racine tubéreuse palmée.
15 —— tubéreuse fasciculée.
16 —— granulée.

PLANCHE IV.

Feuilles simples.

1 Feuille elliptique.
2 —— ovale aiguë.
3 —— ovale renversé.
4 —— oblongue.
5 —— linéaire lancéolée.
6 —— en alène ou subulée.
7 —— épaisse linéaire.
8 —— linéaire.
9 —— en fer de flèche ou sagittée.
10 —— en triangle ou triangulaire.
11 —— en croissant.

12 Feuille en rein.
13 —— en rein arrondi.
14 —— arrondie, crénelée.
15 —— à cinq lobes.
16 —— à quatre lobes.
17 —— à trois lobes.
18 —— en cœur renversé.
19 —— hastée.
20 —— en fer de flèche émoussé au sommet.
21 —— roncinée.
22 —— à sept ou huit lobes denticulés.
23 —— à sept lobes avec deux petites oreillettes arrondies à la base.
24 —— à cinq divisions presque palmées.
25 —— trifide, rongée.
26 —— à cinq divisions palmées.
27 —— oblongue, crénelée, ridée.
28 —— arrondie à neuf lobes peu profonds et denticulée.
29 —— plissée à sept lobes peu profonds et denticulés.
30 —— à sept lobes.
31 —— sinuée, dentée.
32 —— lancéolée, dentée en scie.
33 —— en cœur ovale, dentée en scie.
34 —— cylindrique, fistuleuse.
35 —— arrondie ovale, doublement dentée.
36 —— palmée, découpures échancrées au sommet.
37 —— arrondie ovale, dentée.
38 —— elliptique arrondie, crénelée.

PLANCHE V.

Feuilles simples.

1 *a* Feuille légèrement sinuée; *b* feuille sinuée.
2 —— en cœur, denticulée en scie.
3 —— ovale oblongue, dentée en scie.
4 —— arrondie, sinuée, en parasol.
5 —— ronde, en parasol.
6 —— en lyre.
7 —— en coin échancré au sommet.
8 —— ovale, bifide au sommet.

9 Feuille en doloir ovale aigu.
10 —— pétiolée , en cœur arrondi , ponctuée ou pointillée.
11 —— ovale lancéolée , légèrement sinuée.
12 —— trigone, pyramidale.
13 —— en cœur pointu.
14 —— ovale aiguë , à cinq nervures.
15 —— ovale pointue , à trois nervures.
16 —— oblongue lancéolée , rétrécie en pétiole demi-embrassant.
17 —— charnue, linéaire , cylindrique , hérissée de pointes.
18 —— divisée en cinq parties lacinées.
17 —— charnue en spatule , ponctuée.
20 —— en violon.
21 —— hastée à double oreillette.
22 —— en coin , sinuée également.
23 —— conjointes.
24 —— elliptique ovale , crénelée.
25 —— triangulaire sagittée , rongée.
26 —— rhomboïdale.
27 —— oblongue , rétrécie en pétiole avec deux petites oreillettes aiguës.
28 —— pennatifide.
29 —— sagittée embrassante.
30 —— perfoliée , ovale aiguë.
31 —— longue linéaire , engaînante à sa base. *a b* gaîne.

PLANCHE VI.

Feuilles composées.

1 Feuille à quatre folioles ovales dentées en scie.
2 —— à trois folioles ovales renversées , denticulées en scie.
3 —— à deux folioles opposées , imparfaitement arrondies.
4 —— pentadactyle , denticulée en scie.
5 —— à neuf folioles digitées , ovales lancéolées , denticulées en scie.

Y 3

6 Feuille à cinq folioles ovales renversées, dentées en scie.

7 —— Pennatiforme avec interruption, à folioles dentées en scie.

8 —— pennée avec impaire, folioles opposées.

9 —— à huit folioles lancéolées, dentées en scie, rangées en pédales.

10 —— pennée sans impaire, à folioles alternes.

11 —— pennée sans impaire, à folioles opposées.

12 —— pennée avec impaire, à folioles alternes.

13 Tige ailée, articulée, avec des feuilles sessiles aux articulations.

14 Feuille à deux folioles opposées, lancéolées; pétiole prolongé en vrille; stipules sagittées.

15 —— pennée, à folioles opposées, terminée par une vrille.

Nota. Tous les exemples de feuilles pennées peuvent servir pour les feuilles pennatiformes, c'est-à-dire, pour celles dont les folioles ne sont pas articulées.

P L A N C H E   V I I.

Feuilles composées.

1 Feuille à six folioles pennées sans impaires; pétiole commun ailé.

2 —— biternée; folioles en cœur.

3 —— bipennatiforme à folioles inégales.

4 —— bipennée sans impaire.

5 —— tripennatiforme et comme décomposée.

6 —— tripennée avec impaire.

7 —— triternée avec impaire, à folioles ovales aiguës.

8 —— décomposée.

Nota. Même observation qu'au sujet de la planche précédente.

P L A N C H E   V I I I.

Poils, armes, disposition et direction des feuilles.

1 A B C D E F G poils.

2 A B vrille partant de l'aisselle de la branche, et se roulant de droite à gauche.

3 A B vrille partant du côté opposé aux stipules·
C, et se roulant de gauche à droite.
4 A —— prenant naissance sous la branche.
5 A B aiguillons simples, recourbés vers le sommet
des tiges. C D aiguillons ramifiés, recourbés vers
le sommet des tiges.
6 A B aiguillons recourbés vers la base des tiges.
C aiguillon détaché de la tige et n'y laissant pas
cicatrice profonde.
7 A B épines simples. C D épines ramifiées.
8 A B C D feuilles distiques.
E F G H etc. —— opposées.
A B —— pendantes.
C D —— écartées de la tige à angle droit.
E F —— écartées de la tige à angle aigu.
G H —— redressées.
K I —— courbées en dehors.
M L —— courbées en dedans.
N O —— roulées en dehors.
P Q —— roulées en dedans.
9 A B —— courbées en dehors; G stipules intermédiaires.
10 A B —— écartées, opposées.
C D E F stipules latérales.
11 Feuilles opposées en croix, sessiles, en alène,
écartées de la tige à angle droit.
12 —— verticillées.
13 —— éparses, linéaires, aiguës.
14 —— imbriquées.
15 Double rang de feuilles linéaires de deux côtés
opposés.

PLANCHE IX.

Fleurs.

1 Cercles concentriques indiquant la place la plus
ordinaire des parties qui composent une fleur complette. A calice. B corolle. C étamines. D pistil.

Fleurs du lis bulbifère.

A B C D E F G H périanthe simple pétaloïde,
campanulé à six divisions profondes recourbées en

debors. *a b c d e f g* étamines à anthères vacil-
lantes. I style. K stigmate trilobé.

2 Fleurs à cinq étamines alternes avec les divisions
du calice, et insérées vers les angles d'un disque
pentagone.

3 Anthère continue avec le filet.

4 Anthère linéaire aiguë.

5 Etamines à anthère globuleuse.

6 Etamine : anthère globuleuse, marquée d'un sillon,
et à filet velu.

7 Etamine : anthère oblongue, sillonnée et répandant
le pollen.

8 Etamine : anthère en cœur.

9 Etamine : anthère en forme de rein.

10 Etamine : anthère horisontale, en cœur, attachée
au filet par sa surface inférieure; filet dilaté à sa base.

11 Etamine : anthère latérale.

12 Etamine : filet courbé au sommet; anthère pendante.

13 Etamine : Anthère didyme à loges divergentes.

14 Etamine : anthère bifide aux deux bouts.

15 Etamine : anthère arrondie, échancrée au sommet.

16 Etamine : anthère didyme ; filet coudé.

17 Etamine : anthère prismatique à quatre sillons.

18 Etamine : anthère bicorne.

19 Etamine : anthère bicorne au sommet, bifide à la
base.

20 Etamine : anthère sagittée.

21 Etamine : quatre anthères sessiles attachées immédiatement sur le périanthe simple.

22 Etamine : anthère ouvrant ses loges C D par des
membranes, A B qui se relèvent de la base au
sommet.

23, 24, 25, 26 Etamines : anthères difformes.

27 Etamines : filets courbés portant chacun à son
sommet un filet transversal, terminé à ses deux
extrémités par une loge d'anthère.

28 Cinq étamines à filets distincts A, et à anthères
réunies B.

29 Cinq étamines réunies par leurs anthères en tête
difforme.

5o A ovaire adhérent. B vestige du périanthe dont
le limbe est tombé. C six anthères sessiles adhérentes
au style.

3i Dix étamines monadelphes par leur base.

32 et 33 Plusieurs étamines monadelphes en **tube**
ou en colonne.

34 Pistils. A et étamines B ramassés séparément
autour d'un axe, ou spadice commun prolongé en
massue C.

35 Beaucoup d'étamines A hypogynes, insérées sous
le pistil B.

36 Point d'attache A, des folioles B d'un calice
polyphylle : beaucoup d'étamines C insérées au
support du pistil D.

37 Pistil libre au fond d'un périanthe simple, huit
anthères sessiles sur deux rangs.

38 Six anthères sessiles insérées vers l'orifice d'un
périanthe simple.

PLANCHE X.

Fleurs.

1, 2 Etamines didynames.

3 Etamines triadelphes.

4 Etamines : anthères rapprochées.

5 Etamines insérées à l'orifice d'un périanthe simple.

6 Pistil : ovaire globuleux ; style court ; stigmate
arrondi.

7 Pistil : ovaire ovale ; style court ; stigmate fourchu ou sessile.

8 Pistil : ovaire ovale ; style très-court à trois
divisions.

9 Pistil : point de style ; deux stigmates grêles et
velus.

1o Ovaire didyme.

11 A B calice fendu longitudinalement pour laisser
voir un ovaire à quatre lobes surmonté d'un style
grêle, à stigmate bifide.

12 Stigmate pétaloïdes.

13 Pistil : ovaire sphérique, style droit, grêle, stigmate globuleux.

14 Pistil : A ovaire trigone. B stigmate sessile à trois
lobes.

15 , 16 A ovaire. B périanthe adhérent par sa base à l'ovaire.

17 Demi-fleuron dont l'ovaire est avorté.

18 —— hermaphrodite.

19 Étamines réunies par les anthères.

20 Fleuron hermaphrodite. A ovaire couronné par le périanthe. B aigrette. C périanthe simple pétaloïde. D tube que forme les anthères par leur union. E style traversant le tube des étamines et terminé par un stigmate bifide.

21 Pistil d'un fleuron dégagé du périanthe et des étamines.

22 Demi-fleuron femelle.

23 —— mâle.

24 Fleur appartenant à ces groupes de fleurs désignés sous le nom de *tête*. A ovaire adhérent au calice. B corolle supérieure à l'ovaire; *a b c d* étamines distinctes.

25 Fleur irrégulière d'une fleur en tête.

26 A ovaire rétréci en pédicelle à sa base. B stigmate sessile , étoilé.

27 Périanthe simple calicinal , campanulé , à cinq divisions.

28 A involucre , nommé par les botanistes *calice commun*. B réceptacle commun.

29 A spathe environnant la base B d'un périanthe simple pétaloïde.

30 Fleur papillonacée. A étendard ou pavillon. B ailes. C carène. D gaîne formée par la réunion de neuf étamines *a*, la dixième étamine *b* étant libre.

PLANCHE XI.

1 Plante rampante jetant des filets B qui s'enracinent et produisent des rejetons C.

Disposition des fleurs.

2 A B C hampe uniflore.

3 Fleurs verticillées.

4 —— en tête ; A involucre.

5 —— en épi interrompu à sa base.

6 A B glumes sessiles terminées chacune par une

arête, disposées alternativement sur un axe articulé.

7 Grappe.
8 La même en fruit.
9 Corymbe.
10 Cyme.
11 Ombelle ; A involucre ; B involucelle.

PLANCHE XII.

Fruits.

1 Silicule en cœur renversé.
2 —— globuleuse.
3 —— en cœur droit.
4 —— ovale, aiguë.
5 —— triangulaire, échancrée à son sommet, ouverte.
6 —— ailée avec un sinus profond à son sommet.
7 Légume ouvert ; graines attachées à la suture supérieure.
9, 10 Légume alongé, renflé de distance en distance.
11 Légume articulé, strié, roulé en spirale sur lui-même.
12 Drupe arrondi, pédonculé.
13 La même coupée transversalement : A première enveloppe pulpeuse ; B noix ou noyau.
14 Noyau hors de l'enveloppe pulpeuse ; on y remarque d'un côté une suture saillante.
15 Drupe elliptique.
16 La même coupée ; B noyau extrait du péricarpe.
17 Moitié d'une noix.
18 Baie-pomme un peu déprimée.
19 La même coupée pour faire voir ses cinq loges.
20 Baie couronnée par le limbe du calice.
21 Baie à calice non adhérent.
22 Réceptacle charnu.
23 Cône.

PLANCHE XIII.

Germination. Fruits.

1 Graine ovale marquée d'un sillon longitudinal.
2 —— ovale renversée.

3 Graines; A en coin; B globuleuse; C en cœur;
D en rein.

4 Graine d'orge commençant à germer; on voit en
A le cotyledon unique mis à découvert; B radicule.

5 La même plus avancée dans sa germination;
A testa de la graine. B albumen. C radicule. D plumule.

6 Graine de pois dont la radicule A commence à
s'alonger. B cotyledons en partie découverts.

7 Graine de haricot commençant à germer. A portion du testa. B radicule. C cotyledons. D plumule.

8 Graine de cerisier germée. A cotyledons. B radicule. C les feuilles primordiales.

9 Graine de haricot. A cotyledons. B radicule. C plumule courbée.

10 La figure 6 plus développée. A cotyledons. B radicule. C plumule courbée.

11 Germination d'une graine de chanvre. A B cotyledons développés. E F G feuilles primordiales.

Fruits.

12 Noix composée, couronnée A. Ce sont deux noix
réunies, appelées *graines nues* par la plupart des
botanistes, et *polakène bipartible* par Richard.

13 Noix A aigrettée. B aigrette simple sessile, *graine
nue aigrettée* des botanistes, *akène aigretté* de Richard.

14 Noix A aigretté; aigrette C pédicillée. B graine
nue; *akène.*

15 Noix hérissée de pointes; graine nue, *akène.*

16 Capsule s'ouvrant transversalement en boîte à
savonnette.

17 Noix aigrettée; aigrette plumeuse pédicellée;
graine nue, *akène.*

18 —— ailée; graine nue ailée des botanistes; akène
ailé, Richard.

19 —— didymes ailées.

20 Capsule étoilée.

21 Péricarpe à cinq loges.

22 Capsule s'ouvrant par des pores sous le stigmate persistant.

23 Péricarpe triloculaire. A B C graines horison- tales, attachées à l'axe central.

24 Follicule; A fermé; B ouvert.

25 Silique aplatie, ouverte; A B valves; C cloison aux deux bords de laquelle les graines sont fixées.

26 Silique s'ouvrant par en bas; A B valves.

27 Silique s'ouvrant par le sommet; A B valves.

28 Silique uniloculaire.

29 Silique noueuse, ne s'ouvrant pas.

PLANCHE XIV.

Voyez la Méthode de Tournefort.

PLANCHE XV.

1 Une étamine insérée à la base de l'ovaire.

2 Deux étamines, attachées sur la corolle dans son tube.

3 Deux étamines saillantes partant du tube de la corolle.

4 Trois étamines attachées dans le tube de la co- rolle, et saillantes.

5 A B glume; C D bâle; D E l'une des valves de la bâle terminée en arête. Trois étamines à an- thères bifides aux deux bouts.

6 Quatre anthères sessiles, attachées à l'orifice de la corolle.

7 Quatre étamines saillantes.

8 Cinq étamines alternes avec les pétales.

9 Cinq étamines, opposées aux divisions de la corolle.

10 Cinq étamines à anthères sagittées, attachées sur la corolle.

11 Six étamines alternes avec les divisions du pé- rianthe.

12 et 13 Six étamines à anthères sessiles, attachées à l'orifice d'un périanthe globuleux. A limbe à six dents.

14 Sept étamines.

15 Calice éperonné; cinq pétales à longs onglets.

16 Huit étamines; ovaire central.

17 Calice à trois folioles; corolle à trois pétales; neuf étamines.
18 Ovaire entouré de neuf étamines.
19 Calice monophylle, caliculé à sa base; cinq pétales.
20 Dix étamines portées sur un disque cylindrique, partant du fond du calice de la fig. 19.
21 Calice monophylle; cinq pétales à lames bilobées; dix étamines saillantes.
22 Douze étamines à anthères didymes; ovaire pédicellé.
23 Douze étamines, sortant d'un périanthe simple, monophylle, à limbe à trois lobes.
24 Le même périanthe ouvert longitudinalement.
25 Corolle à cinq pétales; étamines en grand nombre
26 Baie composée.
27 Etamines insérées sur le calice.
28 Etamines insérées à l'orifice du périanthe; ovaire globuleux; style court; stigmate arrondi.
29 Fleur à cinq pétales; grand nombre d'étamines.
30 Calice de la fleur fig. 29, dégagé de ses pétales pour montrer l'attache des étamines sous l'ovaire.
31 B partie où étoient attachées les folioles calicinales, les pétales et les étamines. A beaucoup d'ovaires réunis en tête.
32 B corolle unilabiée; étamines didynames. A corolle bilabiée; étamines didynames.
33 Calice fendu longitudinalement, laissant voir un ovaire à quatre lobes, devenant quatre petites noix; style grêle, à stigmate bifide.
34 Corolle bilabiée anomale, éperonnée.
35 La même, ouverte longitudinalement pour montrer les étamines didynames.
36 Capsule coupée transversalement pour laisser voir les deux loges, les placenta et les graines.
37 Etamines tétradynames, entourant un pistil grêle, surmonté d'un stigmate échancré à son sommet.
38 Fleur en croix.
39 Silique.
40 Autre fleur en croix.
41 Silicule ouverte.

42 Etamines monadelphes.

43 Corolle à cinq pétales échancrés à leur sommet.

44 Fruit se divisant en cinq petites capsules, surmontées chacune d'une portion du style persistant et formant une arête.

45 Dix étamines, dont neuf monadelphes et une dixième libre.

46 Fleur papillonacée.

47 Autre fleur papillonacée.

48 Légume.

49 Corolle à cinq pétales; étamines triadelphes.

5o A B C fleuron. A étamines réunies par les anthères ou syngénèses. B périanthe tubulé pétaloïde. C noix aigrettées.

5i Demi-fleuron. A style sortant du tube des anthères syngénèses. C limbe prolongé en languette.

52 Fleur composée, radiée.

53 A involucre ou calice commun des botanistes. B réceptacle commun. C noix aigrettées. Aigrettes E. pédicellées D.

54 Périanthe simple, anomale, adhérent par sa base à l'ovaire. B ovaire. A six anthères sessiles, gynandres, c'est-à-dire, réunies à l'ovaire.

55 Fleur polypétale, anomale, à anthères réunies par les filets.

56 Plante monoïque. A chatons de fleurs mâles. B fleurs femelles.

57 A fleur mâle. B fleur femelle.

58 A fleur mâle. B fleur femelle.

59 A fleur mâle. B fleur femelle. C fleur hermaphrodite.

6o Mousse.

61 Champignon.

Fin du second et dernier Volume.

ERRATA.

Tome I.

Page 154, ligne 15 : partie qui l'élève de la racine : *lisez*, qui s'élève, etc.

Page 195, ligne 3 : mais le tissu cellulaire dont les mailles, etc. *lisez*, mais le tissu cellulaire qui remplit les mailles du réseau, n'est lui-même qu'une continuité de ce réseau dont il unit les parties.

Page 265, lignes 1 et 2 : le mouvement qui porte, etc. *lisez*, qui les porte.

Page 283, lignes 8 et 9 : plusieurs moins foibles, *lisez*, non moins foibles.

Page 286, ligne 17 : s'appuyent, *lisez*, s'appuyant.

Page 317, ligne 24 : de premier niveau, *lisez*, de son premier niveau.

Tome II.

Page 6, ligne 24 : ces deux effets les confondent ; *lisez*, ces deux effets se confondent.

Page 65, ligne 2 : que ces principes seroient indispensables aux uns et inutiles aux autres ; *lisez*, que ce principe seroit indispensable aux uns et inutile, etc.

Page 250, ligne 22 : fruit à deux petites noix, etc. *lisez*, à deux petites graines (noix). Même correction pour les deuxième, troisième, quatrième et cinquième sections.